国家出版基金项目
NATIONAL PUBLICATION FOUNDATION

大飞机出版工程

总主编　顾诵芬

民用飞机金属结构
耐久性与损伤容限设计

Durability and Damage Tolerance Design for Metal Structures of the Civil Aircraft

郑晓玲　编著

上海交通大学出版社
SHANGHAI JIAO TONG UNIVERSITY PRESS

内 容 提 要

本书主要阐述了民用飞机金属结构耐久性与损伤容限设计与评定技术实施方案及途径,包括材料选择、工艺控制、长寿命结构设计、防腐蚀设计、疲劳和损伤容限评定、离散源损伤评定、声疲劳评定、试验验证和持续适航及使用维护等全寿命的技术要求;同时分析指出了民机结构损伤容限和疲劳评定技术的发展方向。

本书可作为高等工科院校理工科硕士研究生和博士研究生教材,还可供广大工程技术人员使用。

图书在版编目(CIP)数据

民用飞机金属结构耐久性与损伤容限设计/郑晓玲编著. —上海:上海交通大学出版社,2013
(大飞机出版工程)
ISBN 978-7-313-07989-3

Ⅰ.①民… Ⅱ.①郑… Ⅲ.①民用飞机－金属结构－耐久性－结构设计 Ⅳ.①V271.1

中国版本图书馆 CIP 数据核字(2011)第 250179 号

民用飞机金属结构耐久性与损伤容限设计

郑晓玲 编著

上海交通大学 出版社出版发行
(上海市番禺路 951 号 邮政编码 200030)
电话:64071208 出版人:韩建民
浙江云广印业有限公司印刷 全国新华书店经销
开本:787mm×1092mm 1/16 印张:15.75 字数:302 千字
2013 年 9 月第 1 版 2013 年 9 月第 1 次印刷
ISBN 978-7-313-07989-3/V 定价:65.00 元

大飞机出版工程

丛书编委会

总主编：

顾诵芬（中国航空工业集团公司科技委副主任、两院院士）

副总主编：

金壮龙（中国商用飞机有限责任公司董事长）

马德秀（上海交通大学党委书记、教授）

编　委：（按姓氏笔画排序）

王礼恒（中国航天科技集团公司科技委主任、院士）

王宗光（上海交通大学原党委书记、教授）

刘　洪（上海交通大学航空航天学院教授）

许金泉（上海交通大学船舶海洋与建筑工程学院工程力学系主任、教授）

杨育中（中国航空工业集团公司原副总经理、研究员）

吴光辉（中国商用飞机有限责任公司副总经理、总设计师、研究员）

汪　海（上海交通大学航空航天学院副院长、研究员）

沈元康（中国民用航空局原副局长、研究员）

陈　刚（上海交通大学副校长、教授）

陈迎春（中国商用飞机有限责任公司常务副总设计师、研究员）

林忠钦（上海交通大学常务副校长、院士）

金兴明（上海市经济与信息化委副主任、研究员）

金德琨（中国航空工业集团公司科技委委员、研究员）

崔德刚（中国航空工业集团公司科技委委员、研究员）

敬忠良（上海交通大学航空航天学院常务副院长、教授）

傅　山（上海交通大学航空航天学院研究员）

适航系列编委会

总　　序

　　国务院在 2007 年 2 月底批准了大型飞机研制重大科技专项正式立项,得到全国上下各方面的关注。"大型飞机"工程项目作为创新型国家的标志工程重新燃起我们国家和人民共同承载着"航空报国梦"的巨大热情。对于所有从事航空事业的工作者,这是历史赋予的使命和挑战。

　　1903 年 12 月 17 日,美国莱特兄弟制作的世界第一架有动力、可操纵、重于空气的载人飞行器试飞成功,标志着人类飞行的梦想变成了现实。飞机作为 20 世纪最重大的科技成果之一,是人类科技创新能力与工业化生产形式相结合的产物,也是现代科学技术的集大成者。军事和民生对飞机的需求促进了飞机迅速而不间断的发展,应用和体现了当代科学技术的最新成果;而航空领域的持续探索和不断创新,为诸多学科的发展和相关技术的突破提供了强劲动力。航空工业已经成为知识密集、技术密集、高附加值、低消耗的产业。

　　从大型飞机工程项目开始论证到确定为《国家中长期科学和技术发展规划纲要》的十六个重大专项之一,直至立项通过,不仅使全国上下重视起我国自主航空事业,而且使我们的人民、政府理解了我国航空事业半个世纪发展的艰辛和成绩。大型飞机重大专项正式立项和启动使我们的民用航空进入新纪元。经过 50 多年的风雨历程,当今中国的航空工业已经步入了科学、理性的发展轨道。大型客机项目其产业链长、辐射面宽、对国家综合实力带动性强,在国民经济发展和科学技术进步中发挥着重要作用,我国的航空工业迎来了新的发展机遇。

　　大型飞机的研制承载着中国几代航空人的梦想,在 2016 年造出与波音 B737 和空客 A320 改进型一样先进的"国产大飞机"已经成为每个航空人心中奋斗的目标。然而,大型飞机覆盖了机械、电子、材料、冶金、仪器仪表、化工等几乎所有工业门类,集成了数学、空气动力学、材料学、人机工程学、自动控制学等多种学科,是一个复杂的科技创新系统。为了迎接新形势下理论、技术和工程等方面的严峻挑战,迫切需要引入、借鉴国外的优秀出版物和数据资料,总结、巩固我们的经验和成果,编著一套以"大飞机"为主题的丛书,借以推动服务"大型飞机"作为推动服务整个航空科学的切入点,同时对于促进我国航空事业的发展和加快航空紧缺人才的培养,具有十分重要的现实意义和深远的历史意义。

2008 年 5 月,中国商用飞机有限公司成立之初,上海交通大学出版社就开始酝酿"大飞机出版工程",这是一项非常适合"大飞机"研制工作时宜的事业。新中国第一位飞机设计宗师——徐舜寿同志在领导我们研制中国第一架喷气式歼击教练机——歼教 1 时,亲自撰写了《飞机性能捷算法》,及时编译了第一部《英汉航空工程名词字典》,翻译出版了《飞机构造学》、《飞机强度学》,从理论上保证了我们飞机研制工作。我本人作为航空事业发展 50 年的见证人,欣然接受了上海交通大学出版社的邀请担任该丛书的主编,希望为我国的"大型飞机"研制发展出一份力。出版社同时也邀请了王礼恒院士、金德琨研究员、吴光辉总设计师、陈迎春副总设计师等航空领域专家撰写专著、精选书目,承担翻译、审校等工作,以确保这套"大飞机"丛书具有高品质和重大的社会价值,为我国的大飞机研制以及学科发展提供参考和智力支持。

编著这套丛书,一是总结整理 50 多年来航空科学技术的重要成果及宝贵经验;二是优化航空专业技术教材体系,为飞机设计技术人员培养提供一套系统、全面的教科书,满足人才培养对教材的迫切需求;三是为大飞机研制提供有力的技术保障;四是将许多专家、教授、学者广博的学识见解和丰富的实践经验总结继承下来,旨在从系统性、完整性和实用性角度出发,把丰富的实践经验进一步理论化、科学化,形成具有我国特色的"大飞机"理论与实践相结合的知识体系。

"大飞机"丛书主要涵盖了总体气动、航空发动机、结构强度、航电、制造等专业方向,知识领域覆盖我国国产大飞机的关键技术。图书类别分为译著、专著、教材、工具书等几个模块;其内容既包括领域内专家们最先进的理论方法和技术成果,也包括来自飞机设计第一线的理论和实践成果。如:2009 年出版的荷兰原福克飞机公司总师撰写的 *Aerodynamic Design of Transport Aircraft*(《运输类飞机的空气动力设计》),由美国堪萨斯大学 2008 年出版的 *Aircraft Propulsion*(《飞机推进》)等国外最新科技的结晶;国内《民用飞机总体设计》等总体阐述之作和《涡量动力学》、《民用飞机气动设计》等专业细分的著作;也有《民机设计 1000 问》、《英汉航空双向词典》等工具类图书。

　　该套图书得到国家出版基金资助,体现了国家对"大型飞机项目"以及"大飞机出版工程"这套丛书的高度重视。这套丛书承担着记载与弘扬科技成就、积累和传播科技知识的使命,凝结了国内外航空领域专业人士的智慧和成果,具有较强的系统性、完整性、实用性和技术前瞻性,既可作为实际工作指导用书,亦可作为相关专业人员的学习参考用书。期望这套丛书能够有益于航空领域里人才的培养,有益于航空工业的发展,有益于大飞机的成功研制。同时,希望能为大飞机工程吸引更多的读者来关心航空、支持航空和热爱航空,并投身于中国航空事业做出一点贡献。

2009 年 12 月 15 日

序　一

发展国产大型客机是党中央、国务院在 21 世纪作出的具有重要战略意义的决策。"民机发展,适航先行",是民用航空事业的基本理念。适航是国产大型客机获得商业成功、走向国际市场的法定前提和重要保证。

众所周知,第二次世界大战结束后,世界航空工业的两个超级大国——美国和苏联,分别成功制造了大型飞机波音 707 飞机和图－154 飞机,并投入民用航空运输领域。经过数十年的市场选择,最后的结果值得我们深思。目前,世界大型民机市场几乎完全由美国波音和欧洲空客两大航空巨头垄断,而辉煌一时的苏联民用运输机在市场上所占的份额不足 0.5%。造成这种结果的最重要因素,就是它的飞机安全性没有完全保证;同时,其保障安全性的适航体系也没有完全建立和全面实施。

美国高度重视适航体系的建立和发展。早在 1926 年商务部就成立了航空司,并颁发第 7 号航空通报,对飞行员、航图、导航和适航标准进行管理。1934 年,航空司更名为航空局。从 1934 年到 1958 年相继制定并颁发了民用航空规章(CAR)如 CAR04(飞机适航要求)、CAM04(要求和解释材料)、CAR03(小飞机)、CAR06(旋翼机)、CAR04a－1(TSO)、CAR7(运输类旋翼飞机)等。

1958 年,航空局更名为联邦航空局(FAA),被赋予制定和监督实施美国航空规章(FAR)的职责。FAA 归属交通运输部,但局长由总统直接任命。

波音 707 飞机于 1958 年获得 FAA 型号合格证,获得了适航批准。在美国严格的审定标准和审定程序下,该飞机具有良好的安全性和市场表现,先后共交付 1 010 架,被誉为商用民航客机的典范。美国的适航体系和概念也得到了世界上绝大多数国家的认可。

苏联图-154 飞机却命运多舛。该飞机于 1966 年开始设计,苏联当时没有构成体系的民用飞机适航标准和主要参考强度规范等。虽然苏联民用飞机和直升机适航标准联合委员会于 1967 年制订了《苏联民用飞机适航标准》,该标准涵盖了运输类飞机、直升机、发动机和螺旋桨等各种航空产品,但适航要求不够详细和完善。1972年,图-154获得苏联民用航空部运送乘客许可并投入运行。该飞机虽然生产了900余架,但却发生了56次重大事故,最终没能在国际主流民机市场获得认可。

欧洲空中客车公司在国际民机市场的崛起,从另一个侧面说明了强有力的适航管理能力是大型客机成功的关键因素之一。欧洲为了在国际民机市场上和美国分庭抗礼,于1990年成立联合航空局(JAA),大力加强适航审定体系和适航管理能力建设,为空中客车公司后来居上进而在国际大型民机市场与波音公司平分秋色,起到了支撑和保障作用。

纵观欧美和苏联的运输类飞机发展历程可以发现,民机型号的发展不仅需要先进的航空工业基础,更重要的是要有国际认可的安全性——适航性。

当前,在国家政策指引下,中国航空业呈现跨越式发展。ARJ21-700新支线飞机、215直升机、MA600螺旋桨飞机、Y12F轻型多用途飞机、N5B农用飞机、H0300水陆两栖飞机、L7初级教练机、28F直升机、Y8F-600飞机等型号陆续开展研制工作。2009年12月16日,大型客机C919基本总体技术方案经过评审并获得通过,转入初步设计阶段;2010年向中国民航局提交大型客机取证申请,预计大型客机争取在2014年首飞,2016年交付客户使用。

面对正在开展的支线飞机和大型客机适航审定工作,我国的适航管理面临着新的严峻的挑战,突出表现为两个主要矛盾:一是国际审定技术快速发展与我国适航审定能力相对滞后的矛盾,尽管我们采用"影子审查"的中美两国政府合作方式来弥补;二是国内民用航空工业的快速发展与有限的适航符合性基础能力的矛盾。

现实迫切需要引入、借鉴国外的优秀出版物和数据资料,同时总结、巩固我国30年的实践经验和科研成果,编著一套以"民用飞机适航"为主题的丛书,这对于促进我国适航管理技术的发展和加快适航紧缺人才的培养,具有十分重要的现实意义和深远的历史意义。

与适航事业结缘近30年,并见证了中国适航发展变迁,我怀着继续为中国适航管理竭尽绵薄之力的愿望,欣然接受了上海交通大学出版社的邀请,担任"民用飞机适航"丛书的名誉主编。出版社同时邀请了中国民用航空局张红鹰总工程师、中商飞吴光辉总设计师和原民航局适航司副司长赵越让等适航专家撰写专著、精选书目,承担翻译、审校等工作,以确保这套丛书具有高品质和重大的社会价值,为我国的大飞机研制以及适航技术的发展提供参考和智力支持。

这套丛书主要涵盖了适航理念与原则、机载软件适航、试飞、安全可靠性、金属材料与非金属材料等专业方向,知识领域覆盖我国国产大飞机适航的关键技术,内容既包括适航领域专家们最先进的理论方法和技术成果,也包括来自工艺部门进行适航符合性验证的理论和实践成果。

该套图书得到国家出版基金资助,体现了国家对"大型飞机项目"以及"民用飞机适航出版工程"的高度重视。这套丛书承担着记录与弘扬科技成就、积累和传播科技知识的使命,凝结了国内外民机适航领域专业人士的智慧和成果,具有较强的系统性、完整性、实用性和技术前瞻性,既可作为实际工作指导用书,也可作为相关专业人员的学习参考用书。期望这套丛书能够有益于民用航空领域里适航人才的培养,有益于国内适航法规的完善、有益于国内适航技术的发展,有益于大飞机的成功研制。同时吸引更多的读者重视适航、关心适航、支持适航,为国产大型客机的商业成功做出贡献。

最后,我们衷心感谢中商飞、上海交通大学出版社和参与编写、编译、审校的专家们以及热心于适航教育的有识之士做出的各种努力。

由于国内外专家们的背景、经历和实践等差异,有些观点和认识不尽相同,但本着"仁者见仁,智者见智","百花齐放,百家争鸣"的精神,给读者以研究、思考的广阔空间,也诸多神益。当然,不同认识必将在未来的实践检验中得到统一和认可。这也是我们出版界伟大的社会责任。我们期望的事业也就蓬勃发展了。大家努力吧!

2013 年 4 月 20 日

序　　二

　　2012 年 7 月 8 日，国务院出台了《国务院关于促进民航业发展的若干意见》。其中明确提出"积极支持国产民机制造"，包括加强适航的审定和航空器的适航评审能力建设，健全适航审定组织体系，积极为大飞机战略服务，积极拓展中美、中欧等双边适航范围，提高适航审定国际合作水平。2013 年 1 月 14 日，国务院办公厅以国办函［2013］4 号文件下发了《促进民航业发展重点工作分工方案的通知》，要求有关部门认真贯彻落实《国务院关于促进民航业发展的若干意见》精神，将涉及本部门的工作进行分解和细化，并抓紧制订出具体落实措施。由此可见，适航和适航审定能力建设已上升为国家民航强国战略、国产大飞机战略的有效组成部分。

　　适航是民用飞机进入市场的门槛，代表了公众对民用飞机安全的认可，也是民用飞机设计的固有属性。尽管相比国外，我国的适航管理起步较晚，1987 年国务院才颁布《中华人民共和国民用航空器的适航管理条例》，但是我们一开始在适航标准的选用上就坚持了高标准并确定了与欧美国家接轨的道路，几十年国际民用飞机的发展和经验已充分证明我国适航管理道路的正确性和必要性，对于国家的大飞机战略，我们仍将坚持和选择这样的道路，只有这样，才能确保我国从民航大国走向民航强国，形成有国际竞争力的民用飞机产业。

　　飞机已经诞生 110 年了，国外先进的民机发展历史也有七八十年，我国民机发展历史较短，目前还无真正意义上按 25 部适航标准要求取得型号合格证的产品出现，但可喜的是从中央到企业，从民航到工业界，业界领导和专家将适航及适航能力的突破作为国产民用飞机产业发展的基础和前提，达成了共识。专家、学者、工程师和适航工作者全面探索和开辟了符合中国国情的适航成功道路的研究及实践，并直接应用到 C919 等型号研制中。我很高兴地看到上海交通大学出版社面向大飞机项目的适航技术提高和专业适航人才的培养，适时推出"民用飞机适航出版工程"系列丛书,引入、借鉴国外的优秀出版物,总结并探索我国民机发展适航技术的实践经验及工程实践道路,直接呼应了国家重大任务,应对了民机产业发展,这无疑具有十分重要的现实意义和深远的历史意义。

张红鹰

2013 年 7 月 20 日

作者介绍

郑晓玲,组织多个军机型号的研制,首次实现全机数字样机设计与应用及全复合材料平尾的设计与装机使用;组织并负责 ARJ21 飞机的强度专业工作,认真研究专业技术、攻克技术难关,并为我国民机结构长寿命设计开创一条技术途径。认真研究适航条例,理解和执行适航条例,规划强度专业的适航符合性验证,为 ARJ 21 - 700 飞机强度适航审查,以及颤振专业获得 FAA 适航审查提供了技术保证。"十五"期间负责的研究课题为 ARJ21 飞机的耐久性与损伤容限设计、满足 CCAR25.571 条款提供了可行的技术途径。"十一五"期间负责攻克两项重大课题的研究(复合材料尾翼和水上迫降技术),为 ARJ21 飞机解决了关键技术。曾获国家科技二等奖,十多项科工委一、二、三等奖,多项立功,并编著出版了四本书。

前　　言

　　为了满足我国"大型飞机"重大专项对飞机研制人才的迫切需求,上海交通大学在上海市政府的大力支持下,启动了"上海交通大学大型民用飞机创新工程"项目。本书作为该项目三个子项目之一的"人才工程"配套内容,于2009年初正式立项,并在2010年和2011年春季两个学期的飞行器设计研究生"特班"得以试用和完善。

　　随着航空科学技术的飞速发展,飞机结构设计思想在不断更新,长寿命、安全性、可靠性、舒适性和低维修成本的综合要求,已成为现代飞机设计中极为重要而且必须遵循的准则。飞机结构也由最初的静强度设计经历了刚度设计、安全寿命设计、破损安全设计的阶段演进到现代的耐久性与损伤容限设计阶段,所有这些都是为了满足越来越高的使用安全性、使用可靠性和经济性的要求。对于民用飞机而言,安全是永恒的主题,是结构设计的基本要求,长寿命、低维修成本构成的经济性是实现其市场价值的保证,而耐久性与损伤容限设计则是达到上述要求的重要设计准则与方法,它的目标是保证飞机结构在预期的使用寿命期内具有高安全性、良好的经济性和可靠性,耐久性与损伤容限设计与评定技术可以提高设计水平,缩短设计周期,确保设计的合理性和可靠性。

　　近年来,根据我国民用飞机研制的需求,已开展了大量的耐久性与损伤容限研究工作,并在不断地按照适航要求进行设计,但是随着飞机服役时间的加长,安全问题越来越被大家所重视,新的适航要求也不断更新,要使金属结构耐久性与损伤容限设计和评定技术真正在民用飞机上应用,并能够满足适航要求,还需要系统地进行深入的技术研究。为了使中国的民用飞机发展尽快赶上世界,需要大量具有民用飞机金属结构耐久性与损伤容限知识的技术人才,为此,本书作者总结了自己近三十年从事军用飞机、民用飞机研制的经验,尤其是近十几年对民用飞机关键技术研究、实际型号研制,以及与国际交流研究的经验,并结合最近几年的工程应用实践编写了这本教材。

本书的内容编排首先从工程技术应用体系上给出完整的技术体系思路,然后再从各专业细节方面阐述其设计方法、验证方法,并强调工程的应用实践。同时紧密结合航空工程应用,给出具体的实施方法和技术途径,并反映当今最新成果与发展方向,为读者尽快掌握民用飞机金属结构耐久性与损伤容限工程应用技术提供指导。

本书共分为14章。第1章结构损伤容限和疲劳评定,介绍了结构耐久性与损伤容限的发展历程,民用航空飞行案例,现行有效的适航条例和适航条例的演变与分析,并介绍了适航审查程序,以及表明适航符合性的工作程序。第2章符合适航要求的验证技术途径分析研究,介绍了结构损伤容限评定的适航条款要求,全面解读与分析了适航条款的技术内涵,分析了需要采取的符合性方法与技术途径,给出了符合性验证的实施计划。第3章耐久性与损伤容限评定的技术原理,介绍了符合 CCAR25.571 条款的技术方案,从设计、评定、验证直到持续适航,全面系统地从顶层设计角度阐述了要满足损伤容限适航要求的技术原理与方法。第4章民用飞机结构长寿命设计,系统地介绍长寿命结构设计中的关键技术,阐述了长寿命结构的设计要求与设计准则,并分别从结构总体设计技术、结构细节设计技术、加工工艺选择与控制、结构的防腐蚀设计和结构的维修性设计等方面给出了详细的设计技术。第5章民用飞机结构载荷谱与环境谱制定,介绍了民用飞机载荷谱的编制要求,并从任务剖面确定、疲劳载荷情况确定和疲劳载荷计算等方面给出了具体的方法,阐述了环境谱编制的考虑,同时给出了用于分析和试验的各种载荷谱的编制方法。第6章民用飞机结构疲劳强度分析方法,介绍了疲劳额定值的分析方法。第7章腐蚀环境下的疲劳分析方法,介绍了考虑腐蚀环境的疲劳分析方法,以及相应的分析方法、试验研究。第8章民用飞机结构损伤容限评定方法,介绍了损伤容限的评定方法,包括裂纹扩展分析与剩余强度分析。第9章腐蚀环境下的损伤容限评定方法,介绍了考虑腐蚀环境的损伤容限评定方法。第10章疲劳与损伤容限试验验证技术,介绍了疲劳与损伤容限的试验项目规划和试验技术,并分别从工程研究试验、分析方法验证试验、适航符合性验证试验、全尺寸疲劳和损伤容限试验等方面进行了详细的阐述。第11章离散源损伤容限评定方法,阐述了几种离散源损伤的评定方法以及验证技术。第12章声疲劳强度评定方法,给出了声疲劳的分析与验证方法。第13章持续适航文件的制定,介绍了为保证飞机的安全运行,必须制定的持续适航文件和编制要求。第14章损伤容限和疲劳评定技术的发展与展望,介绍了适航规章的发展趋势,详细剖析了新颁布的国际适航标准的技术内涵,指出了需要研究的方向。

本书可以作为飞机结构强度专业硕士班、博士班的教材,还可作为广大工程技术人员学习掌握金属结构耐久性与损伤容限设计的参考书。

书中不妥和错误之处敬请批评指正。

最后,感谢上海交通大学空天学院的老师及上过这门课的历届研究生为本书的电子文档所做的工作。

编　者

目　　录

1　损伤容限和疲劳评定的适航条例分析

1.1　耐久性与损伤容限的发展历程

随着航空科学技术的飞速发展,飞机结构设计思想在不断更新,长寿命、安全性、可靠性、舒适性和低维修成本的综合要求,已成为现代飞机设计中一项极为重要而且必须遵循的准则。飞机结构由最初的静强度设计经历了安全寿命设计、破损安全设计的阶段逐步演进到现代的耐久性与损伤容限设计,进而必须考虑广布疲劳损伤的问题,所有这些都是为了满足越来越高的使用安全性,使用可靠性和经济性的要求。

对于民用飞机而言,安全是永恒的主题,是结构设计的基本要求,长寿命、低维修成本构成的经济性是实现其市场价值的保证,而耐久性与损伤容限设计则是达到上述要求的重要设计原则与方法。民用飞机设计为了满足适航审定的要求,保证飞机的安全性、可靠性、经济性和具有竞争力,耐久性与损伤容限设计技术越来越被适航当局所重视,飞机结构耐久性与损伤容限设计技术正是为适应这种需要而发展起来的。中国要发展自己的民用飞机事业,与世界市场竞争,就必须以耐久性与损伤容限为设计原则进行飞机的结构设计,以符合 CCAR25.571 的要求,并满足客户的需要。

耐久性及损伤容限结构设计与评定技术是飞机结构设计关键技术之一。国外各发达国家均投入了大量人力、物力和财力予以研究,并建立了满足这一设计要求的技术体系与体制,以及较为配套的设计、分析、制造、试验手段,成功地推出了B737、B747、B767、B777、B787、A320、A330、A340、A350、A380 等大、中型民用运输机,占领了国际民用飞机市场。这些国家对耐久性与损伤容限结构设计技术进行研究,采取型号应用和预先研究相结合的措施,不断总结新经验,推出新技术,并在飞机上推广应用。他们紧紧围绕结构寿命长、成本低、重量轻、安全性高、舒适性好、适用性强等方面开展研究,各自形成了一整套较完整的、经过验证的设计规范、设计手册、工程评定方法及相应的软件等,用于指导结构设计,使运输类飞机的使用寿命达到或超过 60000 飞行小时或飞行起落,甚至达到 7 万、9 万飞行小时。

环境对飞机结构的影响受到很多国家的高度重视。1985 年美国在军用标准中明确提出,要考虑热、化学和气候环境对飞机结构耐久性、损伤容限与试验验证的影响,并先后制定了与腐蚀相关的一系列标准和规范。美国空军实行"在设计制造中优先搞好腐蚀控制"的措施,保证飞机在十年使用期内不因腐蚀而修理,具有耐腐蚀性好、可靠度高、维修费用低、寿命长等优点,这是美国空军政策改变和腐蚀控制技术发展相结合的结晶。而在民用飞机设计的使用寿命中,则相应地提出了日历寿命要求。

1.2　民用飞机的结构设计概念

不同的飞机结构设计概念会采用不同的技术思路和技术方案来进行设计、分析与验证。随着结构设计概念的演变,仔细分析不同设计概念的技术要求,提出了不同的技术思路。

结构强度的设计思想是在不断地发展和变化着,随着科学技术的发展,飞机设计将追求更高的性能和安全可靠性,对于军用飞机,在不断提高它的性能指标时,应具有较高的机动性、敏捷性和敏感性,以及安全性。对于民用飞机更注重其安全性、舒适性和经济性。所有这些都要求的飞机结构设计以最轻的重量来满足高可靠度的安全性要求,从而实现机动性、维护性和经济性等诸多要求。这样的飞机结构设计从最初的静强度设计逐步发展到安全寿命设计,继而进入损伤容限设计,并不断发展到耐久性设计。

1) 静强度设计概念

在飞机初步设计阶段,按静强度准则只是在给定载荷的情况下进行各结构件的应力分析,采用最大正应力(应变)或 Von Mises 准则计算出构件的最大当量应力,与材料的许用应力(屈服应力、极限强度等)加以比较。载荷、材料及工艺制造等分散性笼统的用安全系数加以考虑,这样设计的结构并不安全,也不清楚结构到底能使用多长时间,可靠性怎么样。

2) 安全寿命设计概念(疲劳设计)

随着飞机服役时间的增加,很多结构断裂问题并不是静强度所导致的,从而开始重视疲劳寿命的研究。首先针对零件进行,在建立材料 $S-N$ 曲线与疲劳极限、等寿命曲线和影响疲劳强度的因素基础上,用零件疲劳极限除以对应的安全系数作为疲劳许用应力,以所受交变应力最大值小于疲劳许用应力作为疲劳强度准则。满足这一准则,实际上是要求结构达到"无限寿命",这必将导致结构重量的增加,使飞机性能和经济性下降。

因此从结构疲劳可靠性理论出发,研究结构达到指定使用时间(寿命)的可靠度(存活率与置信度)和指定可靠度要求所对应的寿命,称之为安全寿命。用安全寿命达到设计使用寿命作为疲劳可靠性要求的准则,称为安全寿命准则,并用疲劳分散系数来保证飞机的安全。

3）破损安全设计概念

结构设计中在重要传力路径上专门设计破损安全元件或构件，当其损坏时，结构仍具有极限载荷的承载能力。这是一种多余度设计概念，一定程度上提高了飞机的安全性，但也增加了结构重量。

4）损伤容限设计概念

疲劳断裂实际上是结构的微小缺陷不断扩展直至达到断裂的临界条件而使结构断裂。任何构件都不可能没有一点微观缺陷，微观裂纹会发展至宏观裂纹直至断裂。疲劳分析是无法描述这种过程的，因此安全寿命不安全，在工程中也不止一次地发生过结构在其安全寿命期内过早发生断裂的惊人事件，究其原因主要是存在漏检的宏观缺陷(裂纹)所致。由此以断裂力学为理论基础，建立了损伤容限准则。

引入该准则后，可将裂纹扩展全过程分为两部分：裂纹达到可检尺寸之前的寿命称之为裂纹形成寿命，裂纹从可检裂纹尺寸开始到断裂的寿命称之为裂纹扩展寿命。按照安全寿命/损伤容限准则，可用裂纹形成寿命确定使用寿命，而用裂纹扩展寿命确定检查间隔，结构的安全使用主要由损伤容限设计和分析评定来保证。然而这种分析仍然是确定性的，由于任意一种结构群的每个结构，其承受载荷-时间历程、全寿命期内所受的最大载荷、决定临界裂纹尺寸的材料断裂韧度、描述裂纹扩展速率的曲线，以及结构产生裂纹的形态均是随机的，这样就建立了概率损伤容限分析。这一技术不仅可用于结构指定裂纹部位的剩余强度、裂纹扩展寿命可靠性评定，而且可用于综合考虑各个可能出现裂纹部位的含多裂纹结构剩余强度与裂纹扩展寿命的可靠性评定。

损伤容限的评定给出了单裂纹的扩展寿命，然而显示飞机结构存在着相似结构元件、相似部位、相当应力水平的疲劳细节，一旦这些裂纹贯通，结构即刻发生断裂与破坏，因此，广布疲劳损伤(WFD)是当今威胁飞机结构安全的主要因素。

5）耐久性设计概念

按照安全寿命/损伤容限设计准则，结构的使用寿命由安全裂纹形成寿命确定，而一旦达到安全寿命，整个结构群的寿命就终止了。对于现代结构设计而言，安全寿命准则已经十分不经济了，因此引入了以经济寿命为指标的耐久性准则，并以它取代安全寿命准则。按此准则，结构允许进行经济修理后继续使用，当修理不再经济时其寿命终止，对应的寿命为经济寿命。

由于可经济修理的裂纹尺寸是一个相对较小的宏观尺寸，所以耐久性分析研究的仍然是裂纹形成的过程。因此在现代飞机设计中均采用的是耐久性与损伤容限设计准则，在设计时就要考虑可检性和可修理性，以概率断裂力学为基础，将结构的微观缺陷用当量初始缺陷尺寸分布来描述，用当量裂纹扩展的概念研究裂纹尺寸分布随使用时间扩展的随机过程，采用宏观概率力学理论建立结构耐久性分析技术，通过确定合理的检查间隔和检查方法，并进行经济性维修，最终得到飞机的经济寿命。

所以说飞机的寿命是靠设计、维护和维修出来的，当今世界航空公司的先驱——波音和空客公司的飞机寿命越来越长,均是由于精心的设计和使用维护及维修出来的,他们均有着一整套完整的设计手册和使用维修手册,而且是经过型号和试验验证过的。所以说,只有不断更新结构强度设计思想,才能设计出长寿命、高可靠性、高性能、高出勤率、经济性好的飞机。

1.3　民用航空飞行案例

大量飞机失效分析的事实说明,疲劳损伤和腐蚀损伤是两类最主要的飞机损伤形式,而疲劳损伤又多半在腐蚀环境中产生。飞机的失事有不少是与疲劳损伤和腐蚀损伤有关的,近年来由于广布疲劳损伤引起的事故越来越多,已引起了有关方面的极其重视,国外各大航空公司纷纷投入较大精力持续地进行研究,并不断地积累形成了一整套行之有效且在实践中经过验证的设计手册、工程评定方法及完善的试验结果。

(1) 1981 年,中国台湾一架波音 747 客机因机身下部结构锈蚀,蒙皮变薄,产生空洞和裂纹,在座舱压力作用下导致空中解体。

(2) 1982 年,日航公司一架 DC - 8 客机在上海虹桥机场着陆紧急刹车时,因高压气瓶内壁存在晶间应力腐蚀裂纹而爆破,导致飞机冲出跑道。

(3) 1985 年,日航公司一架 B747 客机由于增压舱端框应力腐蚀断裂而坠毁。

(4) 1987 年,美国挑战号航天飞机升空不久,由于一个橡胶圈受环境作用,材料变质开裂后发生空中燃烧、爆炸而解体。

(5) 1989 年,DC - 10 - 10 飞机在巡航时由于 2 号发动机中的第 1 个叶片疲劳裂纹导致三个操纵系统失效,紧急迫降于 Sioux Gateway 机场,机上 296 人中 110 人遇难。

(6) 1988 年的 Aloha 事故是 B737 - 200 飞机在 24000 ft (1 ft = 0.3048 m) 高度飞行时,因在登机门后蒙皮胶接处产生了 18 ft 长的裂纹,出现了广布疲劳损伤,导致飞机灾难性破坏,如图 1 - 1 所示。

图 1 - 1　B737 - 200 的 Aloha 事故

（7）一架 B727 飞机的主起落架轮毂发生疲劳断裂造成事故,检测表明轮毂的内表面有为数众多的腐蚀损伤散布点,疲劳源正是从这些很小的腐蚀区域内产生的。

（8）一架 Cessna-210 飞机事故后的检查发现,副翼的内表面,主要在蒙皮和密封翼肋上及下部前缘处铆接部位产生严重腐蚀。

（9）1998 年在维修期间发现 B727 飞机机身带板内蒙皮连接铆钉处存在由多部位损伤(MSD)导致的 20 in 长的隐藏裂纹。

（10）2003 年 6 月,在准备喷漆时发现 B737 机身带板连接处由 MSD 产生的 10 in 长的裂纹。

（11）2005 年波音公司发布服务通告,强调 B747 后压力框在连接带板上容易发生 MSD,这是基于疲劳试验和分析得到的。

（12）2003 年 11 月 5 日在检查时发现 B767 后压力框圆弧连接带板处的裂纹。

（13）2003 年 7 月 22 日由于广布疲劳损伤导致 DC-9 在 25000 ft 突然泄压,后来的检查揭示 MSD 导致了最终的裂纹。

（14）1994 年 8 月 13 日,C-130A 在一次扑灭森林大火时由于右机翼疲劳裂纹导致断裂,机上 3 名飞行员丧生,飞机完全坠毁。

（15）2002 年 6 月 17 日,C-130A 在执行扑灭森林大火时,由于在中央翼翼身连接处的疲劳裂纹使机翼向上折断,飞机立刻解体,机上 3 名飞行员丧生,飞机完全坠毁。

（16）2002 年 7 月 18 日,P4Y-2 飞机在扑灭森林大火作机动时,左机翼因疲劳裂纹导致解体,机上 2 名飞行员丧生,飞机坠毁。检查了其他飞机,发现该部位由于与机身相连,难以检查发现裂纹的存在。

（17）1995 年 8 月,L-1011 飞机在 33000 ft 高空飞行时,由于后压力框长桁连接处的裂纹导致飞机突然泄压,20 根长桁和其连接处发生裂纹,后压力框解体形成大约 12 ft 的裂纹,飞行员无法维持舱压的控制。

（18）2005 年,B747 在一次夜间维护检查时发现机身框上蒙皮连接的紧固件缺失,进一步的检查发现已严重受损,类似的情形同样存在于相邻的左右侧框。

（19）2002 年,A300 在试验和后续的服役飞机中揭示在机身框连接处存在多元件损伤(MED),这是基于分析、服役经验和疲劳试验得到的。

（20）2011 年 3 月 5 日,工业界专家经研究发现老龄飞机金属结构的疲劳裂纹的严重性,3 月 11 日美西南航 B737 飞机在飞行中部分机身就断裂了,而之前他们不认为是易受损伤的部位,如图 1-2 所示。类似的洞去年也发生在美国航空 B757 飞机上,这使大家认识到金属疲劳可以导致铝合金蒙皮开裂。

（21）苏联安-24 飞机在远未达到设计寿命时,机身壁板因腐蚀严重,被迫在大修中更换。

图 1-2　B737 的机身蒙皮断裂

（22）我国一批杜-24 飞机因结构严重腐蚀，提前 1000 多飞行小时退役。

（23）我国 20 世纪 80 年代开始批量生产并提供民航使用的运七飞机，自 90 年代以来已陆续发现机体结构及部分系统构件不同程度的腐蚀损伤，主要表现在飞机卫生间周围结构如固定座椅的地板梁、转接梁腹板、机身下半框的上框缘及地板支撑型材腐蚀损伤严重；机身下壁板，主要是飞机卫生间下部壁板腐蚀损伤严重，还有部分下壁板蒙皮外表面多处腐蚀及排水孔周围蒙皮腐蚀严重；中央翼下壁板放油口外表面腐蚀；中央翼整体壁板、大梁、腹板及下缘条等处腐蚀。

（24）由于地域的变化导致的寿命变化的例子也很多，尤其是在我国这样地理环境和气候环境都很复杂的区域。例如在实际使用中发现，经阳极化处理并涂有醇酸清漆保护的铝合金飞机蒙皮，在我国南方如海南岛地区飞行半年后涂层开始破坏，一年后铝合金开始腐蚀，五年后整个铝合金蒙皮全被腐蚀，表面呈灰白色失去金属光泽，个别部位腐蚀穿孔；而在北方地区飞行两年后，涂层开始破坏，五年后只有局部蒙皮有腐蚀现象，腐蚀速度比南方慢得多。

（25）20 世纪 70 年代购进的 B707 飞机被调往成都后，发现机翼前梁处的上蒙皮鼓起，有些地方铆钉被拉出，梁缘条和蒙皮等发生了严重的腐蚀。

尽管腐蚀和疲劳造成结构损伤的机理不同，研究方法也有很大的差别，但随着飞机结构长寿命设计及超龄飞机的延寿问题得到越来越多的关注，尤其是在 1988 年 Aloha 事件之后，对腐蚀、疲劳及其交互作用，以及广布疲劳损伤研究的必要性变得日益迫切。

针对使用和维护情况，国外都制定了结构维护检查大纲、腐蚀防护与控制大纲，并不断加以修改完善，如波音的 MPD、腐蚀防护与控制大纲。通过在全寿命使用过程中严格地贯彻与执行这些大纲要求，认真地维护、检查与修理，可以使飞机的使用期限大大增加。

1.4　现行有效的适航条例

民用飞机必须符合相应的设计规范和运营规范才能进入市场,运输类飞机适航标准 CCAR25 部就是最低安全性要求的设计规范,而 CCAR21 部、CCAR91 部、CCAR121 部、CCAR125 部、CCAR129 部等是运营规范,这些是民用飞机研制必须遵循的法规。

民用飞机的适航审定是由申请人提出并经型号合格审定委员会确定并批准的、某一产品进行型号合格审定依据的标准。型号合格审定基础包括适用的现行有效的适航标准、环境保护和运行要求、专用条件、等效安全水平、豁免等。对于民用飞机结构长寿命设计与评定技术要遵循的适航标准是 CCAR25 部 R3 版的 25.571 条款、与之相关的条款及 AC 咨询通报是 AC25.571 - 1C。

1.4.1　CCAR25.571(结构的损伤容限和疲劳评定)

CCAR25.571(结构的损伤容限和疲劳评定)条款内容如下:

(a) 总则。对强度、细节设计和制造的评定必须表明,飞机在整个使用寿命期间将避免由于疲劳、腐蚀、制造缺陷或意外损伤引起的灾难性破坏。对可能引起灾难性破坏的每一结构部分(诸如机翼、尾翼、操纵面及其系统,机身、发动机架、起落架以及上述各部分有关的主要连接),除本条(c)规定的情况以外,必须按本条(b)和(e)的规定进行这一评定。对于涡轮喷气飞机,可能引起灾难性破坏的结构部分,还必须按本条(d)评定。此外,采用下列规定:

(1) 本条要求的每一评定,必须包括下列各点:

(i) 服役中预期的典型载荷谱、温度和湿度;

(ii) 判明其破坏会导致飞机灾难性破坏的主要结构元件和细节设计点;

(iii) 对本条(a)(1)(ii)判明的主要结构元件和细节设计点,进行有试验依据的分析。

(2) 在进行本条要求的评定时,可以采用结构设计类似的飞机的服役历史,并适当考虑它们在运行条件和方法上的差别;

(3) 根据本条要求的评定,必须制订为预防灾难性破坏所必须的检查工作或其他步骤,并必须将其载入 §25.1529 要求的"持续适航文件"中的"适航限制"一节。对于下列结构类型,必须在裂纹扩展分析和/或试验的基础上建立其检查门槛值,并假定结构含有一个制造或使用损伤可能造成的最大尺寸的初始缺陷。

(i) 单传力路径结构;和

(ii) 多传力路径"破损—安全"结构以及"破损—安全"止裂结构,如果不能证明在剩余结构失效前传力路径失效、部分失效或止裂在正常维修、检查或飞机的使用中能被检查出来并得到修理的话。

(b) 损伤容限评定。评定必须包括确定因疲劳、腐蚀或意外损伤引起的预期的损伤部位和型式,评定还必须结合有试验依据和服役经验(如果有服役经验)支持的重复载荷和静力分析来进行。如果设计的结构有可能产生广布疲劳损伤，则必须对此做出特殊考虑。必须用充分的全尺寸疲劳试验依据来证明在飞机的设计使用目标寿命期内不会产生广布疲劳损伤。

型号合格证可以在全尺寸疲劳试验完成前颁发，前提是适航当局已批准了为完成所要求的试验而制定的计划，并且在本部§25.1529要求的持续适航文件适航限制部分中规定，在该试验完成之前，任何飞机的使用循环数不得超过在疲劳试验件上累积的循环数的一半。在使用寿命期内的任何时候，剩余强度评定所用的损伤范围，必须与初始的可觉察性以及随后在重复载荷下的扩展情况相一致。剩余强度评定必须表明，其余结构能够承受相应于下列情况的载荷（作为极限静载荷考虑）：

（1）限制对称机动情况，在直到V_C的所有速度下按§25.337的规定，以及按§25.345的规定。

（2）限制突风情况，在直到V_C的速度下按§25.341的规定，按§25.345的规定。

（3）限制滚转情况，按§25.349的规定；限制非对称情况按§25.367的规定，到V_C的速度下，按§25.427(a)到(c)的规定。

（4）限制偏航机动情况，按§25.351(a)对最大到V_C诸规定速度下的规定。

（5）对增压舱，采用下列情况：

（i）正常使用压差和预期的外部气动压力相组合，并与本条(b)(1)到(4)规定的飞机载荷情况同时作用（如果后者有重要影响）；

（ii）正常使用压差的最大值（包括1g平飞时预期的外部气动压力）的1.15倍，不考虑其他载荷。

（6）对于起落架和直接受其影响的机体结构，按§25.473、§25.491和§25.493规定的限制地面载荷情况。

如果在结构破坏或部分破坏以后，结构刚度和几何形状，或此两者有重大变化，则必须进一步研究它们对损伤容限的影响。

（c）疲劳（安全寿命）评定。如果申请人确认，本条(b)对损伤容限的要求不适用于某特定结构，则不需要满足该要求。这些结构必须用有试验依据的分析表明，它们能够承受在其服役寿命期内预期的变幅重复载荷作用而没有可觉察的裂纹。必须采用合适的安全寿命散布系数。

（d）声疲劳强度。必须用有试验依据的分析，或者用具有类似结构设计和声激励环境的飞机的服役历史表明下列两者之一：

（1）承受声激励的飞行结构的任何部分不可能产生声疲劳裂纹。

（2）假定本条(b)规定的载荷作用在所有受疲劳裂纹影响的部位，声疲劳裂纹不可能引起灾难性破坏。

（e）损伤容限（离散源）评定。在下列任一原因很可能造成结构损伤的情况下，飞机必须能够成功地完成该次飞行。

(1) 受到 1.80 kg (4 lb) 重的鸟的撞击,飞机与鸟沿着飞机飞行航迹的相对速度取海平面 V_C 或 2450 m (8000 ft) 的高度上 $0.85V_C$,两者中的较严重者。

(2) 风扇叶片的非包容性撞击。

(3) 发动机的非包容性破坏。

(4) 高能旋转机械的非包容性破坏。

损伤后的结构必须能够承受飞行中可合理预期出现的静载荷(作为极限载荷考虑)。不需要考虑对这些静载荷的动态影响。必须考虑驾驶员在出现事故后采取的纠正动作,诸如限制机动,避开湍流以及降低速度。如果在结构破坏或部分破坏以后引起结构刚度或几何形状,或此两者有重大变化,则须进一步研究它们对损伤容限的影响。

1.4.2 CCAR25.1529(持续适航文件)条款

CCAR25.1529(持续适航文件)条款内容如下:

申请人必须根据本部附录 H 编制适航当局可接受的持续适航文件。如果有计划保证在交付第一架飞机之前或者在颁发标准适航证之前完成这些文件,则这些文件在型号合格审定时可以是不完备的。

1.4.3 CCAR25 附录 H(持续适航文件)

CCAR25 附录 H(持续适航文件)内容如下:

H25.1 总则

(a) 本附录规定 §25.1529 所需的持续适航文件的编制要求。

(b) 飞机的持续适航文件必须包含:发动机和螺旋桨(以下统称"产品")的持续适航文件,中国民用航空规章要求的设备的持续适航文件,以及所需的有关这些设备和产品与飞机相互连接关系的资料。如果装机设备或产品的制造厂商未提供持续适航文件,则飞机持续适航文件必须包含上述对飞机持续适航性必不可少的资料。

(c) 申请人必须向适航当局提交一份文件,说明如何分发由申请人或装机产品和设备的制造厂商对持续适航文件的更改资料。

H25.2 格式

(a) 必须根据所提供资料的数量将持续适航文件编成一本或多本手册。

(b) 手册的编排格式必须实用。

H25.3 内容

手册的内容必须用中文编写。持续适航文件必须含有下列手册或条款(视适用而定)以及下列资料:

(a) 飞机维护手册或条款。

(1) 概述性资料,包括在维护和预防性维护所需范围内对飞机特点和数据的说明。

(2) 飞机及其系统和安装(包括发动机、螺旋桨和设备)的说明。

（3）说明飞机部件和系统如何操作及工作的基本操作和使用资料（包括适用的特殊程序和限制）。

（4）关于下列细节内容的服务资料：服务点、油箱和流体容器的容量、所用流体的类型、各系统所采用的压力、检查和服务口盖的位置、润滑点位置、所用的润滑剂、服务所需的设备、牵引说明和限制、系留、顶起和调水平的资料。

（b）维护说明书。

（1）飞机的每一部分及其发动机、辅助动力装置、螺旋桨、附件、仪表和设备的定期维护资料。该资料提供上述各项应予清洗、检查、调整、试验和润滑的荐用周期，并提供检查的程度、适用的磨损允差和在这些周期内推荐的工作内容。但是，如果申请人表明某项附件、仪表或设备非常复杂，需要专业化的维护技术、测试设备或专家才能处理，则申请人可以指明向该件的制造厂商索取上述资料。荐用的翻修周期和与本文件适航性限制条款必要的相互参照也必须列入。此外，申请人必须提交一份包含飞机持续适航性所需检查频数和范围的检查大纲。

（2）说明可能发生的故障、如何判别这些故障以及对这些故障采取补救措施的检查排故资料。

（3）说明拆卸与更换产品和零件的顺序和方法以及应采取的必要防范措施的资料。

（4）其他通用程序说明书，包括系统地面运转试验、对称检查、称重和确定重心、顶起和支撑以及存放限制程序。

（c）结构检查口盖图，和无检查口盖时为获得检查通路所需的资料。

（d）在规定要做特种检查（包括射线和超声检验）的部位进行特种检查的细节资料。

（e）检查后对结构进行防护处理所需的资料。

（f）关于结构紧固件的所有资料，如标识、报废建议和拧紧力矩。

（g）所需专用工具清单。

H25.4　适航限制条款

持续适航文件必须包含题为适航性限制的条款，该条应单独编排并与文件的其他部分明显地区分开来，该条必须规定强制性的更换时间、结构检查时间间隔以及按§25.571批准的有关结构检查程序。如持续适航文件由多本文件组成，则本节要求的条款必须编在主要手册中，必须在该条显著位置清晰说明："本适航限制条款业经适航当局批准，规定了中国民用航空规章有关维护和营运的条款所要求的维护，如果适航当局已另行批准使用替代的大纲则除外"。

1.5　适航条例的演变与分析

每一适航条款的颁布与修订都伴随着一系列灾难性事故的发生，疲劳评定的要求始于1964年，并于1966年、1970年、1978年、1980年、1990年、1996年、1998年进行了修订,相应的修正案号为 10 号、23 号、45 号、54 号、72 号、86 号、96 号。目前现行有效的 CCAR25 – R3 是包括修正案 100 号以内的修订版,即将颁布的 CCAR25 – R4 是包括修正案 125 号以内的修订版。

为了很好地理解适航的要求,需要了解适航条例的发展,了解技术要求的发展,了解适航条例对安全性要求的提高。CCAR25.571 条款是飞机结构设计最关键的条款,也是世界各航空公司研制近代民用飞机比拚和竞争的关键技术所在。

(1) FAR Part Sec_25_571 effective as of 02 – 01 – 1965 颁布了 §25.571 的疲劳评定条款,此条款定义了疲劳的概念及疲劳裂纹的产生、循环载荷的作用,以及疲劳产生的迟滞效应,最终导致灾难性的破坏和事故。由此结束了民用飞机只按静强度设计的历史,开始引入疲劳设计。

(2) FAR Part 25 Sec_25_571 effective as of 10 – 10 – 1966(10 号修正案)增加了声疲劳条款 §25.571(d)。

(3) FAR Part 25 Sec_25_571 effective as of 05 – 08 – 1970(23 号修正案)分析和修订了以下内容:

(a) 飞机结构的疲劳评定要提供足够的裕度。

(b) 明确提出 1.15 的系数不仅用于气密区结构,同样也适用于非气密区结构。

(c) 在正常载荷作用下结构出现损坏时,要考虑 1.33 倍的正常座舱压力且具有强度裕度;FAA 没有意图将破损安全载荷作为当时的 §25.571(c)条的使用载荷。

(d) 提出 §25.571(e)要覆盖损伤情况下的极限载荷,就如同 §25.365(d)覆盖损伤情况下的限制载荷,这一点在当时的 §25.571(e)进行了修订并加以明确。

(4) FAR Part 25 Sec_25_571 effective as of 12 – 01 – 1978(45 号修正案)分析和修订了以下内容:

(a) 将条款名称修订为结构的损伤容限和疲劳评定。

(b) 条款强调"对强度、细节设计和制造的评定必须表明,飞机在整个使用寿命期间将避免由于疲劳、腐蚀、制造缺陷或意外损伤引起的灾难性破坏"。

(c) 提出需要进行结构的全尺寸疲劳试验,以便可靠地确定发生疲劳破坏的部位与结构细节,如未及时检查出就会造成灾难性破坏;同样 FAA 也有不同的观点:尽管全尺寸疲劳试验能很有用地预测疲劳破坏的部位,但试验结果并不总是与服役使用情况相一致,主要由于载荷谱和使用环境不同、试验分散系数以及不可预计的影响;采用这样的准则,飞机制造商(设计和生产商)必须尽可能确定由于疲劳、腐蚀及意外损伤造成结构损伤的部位和模式;通过全尺寸或部件试验来支持给出的结论,可能的情况下也可利用以前的使用经验建立相应的检查大纲。

(d) 规章强调申请人必须确定临界结构部件"第一个结构件破坏的时间",通过一定子样数的相关部件的疲劳试验,建立有关频次、范围、检查方法等信息,并进行危险性分析。FAA 认为这一过程对于安全寿命结构是有必要的,但对于损伤容限结构却不同。损伤容限结构的评定要考虑有别于传统的疲劳,如腐蚀、外来物冲击、错误的维护等而产生的结构损伤,并且认为这些损伤在灾难性破坏前通过适当的检测手段可以检测出,其频次、范围、检测方法是通过重复载荷的分析与试验确定的,或参考服役经验确定。

(e)损伤容限的评定试验必须展示结构最终破坏时残余结构能承受剩余强度载荷。

(f)服役中预期的典型载荷谱、温度和湿度都要考虑。

(g)增加考虑发动机架、起落架以及上述各部分有关的主要连接部位。

(h)首次提出检查的要求:根据本条要求的评定,必须制订为预防灾难性破坏所必须的检查工作或其他步骤,并要求将其载入§25.1529要求的"持续适航文件"中的"适航限制"一节。

(i)首次提出损伤容限要求:§25.571(b)损伤容限(破损安全)评定。

(j)增加§25.571(e)离散源损伤。

(k)损伤后的结构必须能够承受飞行中可合理预期出现的静载荷(作为极限载荷考虑),不需要考虑这些静载荷的动态影响;必须考虑驾驶员在出现事故后采取的纠正动作,诸如限制机动,避开湍流以及降低速度;如果在结构破坏或部分破坏以后引起结构刚度或几何形状,或此两者有重大变化,则须进一步研究它们对损伤容限的影响。此修正案开始认为安全寿命并不安全,并且正式提出了按损伤容限要求进行设计与评定。

(5)Aging Aircraft Program Widespread Fatigue Damage 1980(54号修正案)修订了以下内容:

(a)增加§25.1529"持续适航文件"。

(b)由于增加§25.1529"持续适航文件",修订了§25.571(a)(3)"维护手册",该款不再适用,改为参见§25.1529"持续适航文件"一节。

(6)FAR Part 25 Sec_ 25_571 effective as of 08 - 20 - 1990(72号修正案)修订了以下内容:

(a)用功率谱密度方法计算突风载荷来评定损伤容限结构,修订§25.571(b)限制突风情况,在直到V_C的速度下按§25.305(d)、§25.341、§25.351(b)的规定,以及按§25.345的规定;

(b)FAA认为原§25.571(e)并不保守,修订为受到1.80 kg(4 lb)重的鸟的撞击,取V_C海平面直到2450 m(8000 ft)高度;增加风扇叶片的非包容性撞击。

(7)FAR Part 25 Sec_ 25_571 effective as of 03 - 11 - 1996(86号修正案)修订了以下内容:

(a)对原离散突风要求进行了改进,考虑了离散谐突风的新要求,修正了建立最大突风密度的设计空速。修订了限制突风情况,在直到V_C的速度下按§25.341的规定,以及按§25.345的规定。

(b)修订了限制滚转情况,按§25.349的规定;限制非对称情况按§25.367的规定,以及直到V_C的速度下,按§25.427(a)到(c)的规定。

(8) FAR Part 25 Sec_ 25_571 effective as of 03 - 31 - 1998(96 号修正案)分析和修订了以下内容:

(a)修订了损伤容限结构的疲劳要求,即要用全尺寸的疲劳试验来证实在飞机的设计服役目标寿命期内不会产生广布疲劳损伤。检查的门槛值是基于典型结构类型含初始缺陷的裂纹扩展分析得到。该修订要求持续适航的结构要按损伤容限要求设计,要保证在飞机设计服役目标寿命期内发生严重疲劳损伤时,剩余结构能承受可能遇到的载荷而不破坏,直到损伤被检出和修理。

(b)§25.571 要求申请人在取 TC 证时对结构疲劳的技术观点只有两种:一是损伤容限评定的结构;二是安全寿命评定的结构。其中,损伤容限结构是首选结构,只有当申请人选择损伤容限评定途径不现实时才可选择安全寿命结构,且要得到适航当局批准,尽管如此在服役过程中由于意外事件造成疲劳损伤依然要进行损伤容限评定。

(c)损伤容限的评定包含着工程分析与试验,目的在于建立飞机在使用过程中选择何种检查方法,以何种频次进行结构检查。检查的频次要保证在飞机设计服役目标到达前如果出现了严重的疲劳损伤,必须能检查出并在裂纹扩展到灾难性破坏前修理。

(d)这种方法在飞机使用中取得了成功应用,并且提高了安全性,但是还有两个问题需要研究:一是飞机的首次检查时间(门槛值)定在何时?二是飞机取证期间在飞机寿命期内还没有有效地检查大纲时,到何时飞机是安全的(发生广布裂纹)?为此 FAA 修订如下:一是需要充分的全尺寸疲劳试验来证明在飞机的设计服役目标寿命期内不会产生广布疲劳损伤;二是检查的门槛值要求基于分析与试验,要考虑损伤容限概念、制造质量及使用中的损伤,这种理论的检查门槛值为裂纹从生产质量漏检的工程初始缺陷扩展至导致飞机发生灾难性破坏时裂纹的周期。

(e)也有一方观点认为全尺寸疲劳试验不能充分反映飞机的实际服役情况,所以不能准确预测使用中的问题,并陈述这些试验不能预测以后机队中的广布疲劳损伤问题。FAA 不同意这种观点,将工程上广泛认可的"分散系数"用于了这些试验,重要的结果是从这些试验中得到包括广布疲劳损伤的预测。

(f)FAA、飞机制造商及其他人士开始认识到全尺寸疲劳试验是预测飞机结构在服役中出现各种问题的不可缺少的信息来源,所以,全尺寸疲劳试验的结果是与仔细研究机队检查情况和保证持续适航联系在一起的。

(g)某些观点指出全尺寸疲劳试验可以用于更改设计构型,而且还指出全尺寸疲劳试验的数据支持了原型机的取证,一些试验数据可用于确定更改设计构型及其广布疲劳损伤发生或不发生的时间,这些论点指出在所有情况下不必要附加全尺寸疲劳试验。FAA 同意这些论点,并将其修订到§25.571(b)中。

(h)另外有观点认为 2 倍寿命的疲劳试验不能保证飞机在整个寿命期内不发

生广布疲劳损伤,而陈述为:要保证"通常"不发生广布疲劳损伤。FAA同意此观点,并颁布了相关的咨询通报(AC25.571-1C)。AC中也讨论了对于小的及其简单更改的飞机采用与原型机比较的方法来分析广布疲劳损伤。

(i)将§25.571(a)(3)修订为检查门槛值是建立在服役经验和全尺寸疲劳试验后的试验件拆毁检查。同时有观点认为不可能在取TC证之前完成全尺寸疲劳试验,FAA也同意此观点,并提出在颁发TC证之前,适航当局要批准为完成所要求的试验而制订的计划,并且在§25.1529要求的持续适航文件适航限制部分中规定,在该试验完成之前,任何飞机的使用循环数不得超过在疲劳试验件上累积的循环数的一半。

(j)将"设计寿命"修订为"设计服役目标"。

(k)还有观点陈述对全尺寸疲劳试验有新的要求,提出AC 25.571-1X和审定维修要求(CMR)指南(AC25-19),CMR是飞机取证过程中如何确定飞机系统的检查大纲。FAA不同意此观点,因建立检查大纲的基本方法对飞机系统和飞机结构是不同的。

(l)一些观点提出在规章中及相关的AC中定义初始制造缺陷尺寸和疲劳分散系数准则,尽管FAA认为不可能用一个绝对的尺寸来定义初始制造缺陷尺寸,但在AC的修订中对这两个问题给出了可接受的符合性方法。由此修订了§25.571 (a),增加制造缺陷引起的灾难性破坏,增加可能造成的最大尺寸的初始缺陷。

(m)强调提出用试验来证实,并要特别重视广布疲劳损伤在何种设计类型中会发生,要用充分的全尺寸疲劳试验来证实。

(n)修订了限制对称机动情况,要在直到V_c的所有速度下按§25.337的规定,以及按§25.345的规定。

(o)修订了在受到1.80 kg(4 lb)重的鸟的撞击,飞机与鸟沿着飞机飞行航迹的相对速度取海平面V_c或2450 m(8000 ft)高度上的$0.85V_c$,两者中的较严重者。

从以上修正案的颁布,可以看到飞机结构设计概念发生了几次重大的变化,而这种变化带来了结构设计准则革命性的发展。

1960年前	静强度
1965~1978年	安全寿命、破损安全
1978~1996年	破损安全、损伤容限
1996~现在	损伤容限、耐久性

经过以上观点的争论与分析,各修正案不断颁布,现行的CCAR25.571是目前飞机取证的依据。

1.6 民用飞机适航审查程序

1.6.1 审查程序

(1)申请人(民用飞机股份公司)向适航当局提出型号合格审定申请。

（2）局方审查申请人的设计保证体系和质量保证体系,或批准后方受理审查。

（3）按申请型号合格审定时的有效规章确定审定基础和符合性方法,5年内要获得 TC 证,否则要申请延期和重新确定审定基础。

（4）编制飞机级及系统级适航合格审定计划(结构描述、构型控制、审定基础、条款理解、符合性方法、验证思路说明、试验项目、试验设备、试验计划、制造符合性检查、符合性检查单等)。

（5）审核申请人的符合性验证计划(该计划一般应包括适航标准和专用条件的条款、验证方法、验证方法的名称与编号、预计完成日期等内容)。

（6）适航当局批准适航合格审定计划,并执行。

（7）按照确定的符合性验证项目进行全过程审查。

（8）审查代表根据审定基础和符合性验证计划对申请人提交的型号设计资料进行工程评审,重点审查型号设计是否存在不安全因素,设计特性是否能得到充分的检查和试验。

（9）审查代表对试验产品进行制造符合性检查。

（10）申请人完成所有适航合格审定计划中的工作,并通过每个阶段的审查后,最终获得批准。

1.6.2　民用飞机适航符合性方法

由型号合格证申请人提出并经型号合格审定委员会确定的、对某一飞机进行型号合格审定所依据的适航标准,称为型号合格审定基础。型号合格审定基础包括适用的适航标准、环境保护和营运要求、专用条件、等效安全水平、豁免等。

型号合格审查过程中,为了获得所需的证据资料,并向适航当局验证某一飞机的设计符合审定基础中的适航条款,以表明适航条款的符合性,申请人通常需要采用不同的方法,而这些方法统称为符合性验证方法。

表明型号设计对于其适用条款的符合性方法有以下十类:

MC0——符合性声明　　MC1——说明性文件

MC2——分析和计算　　MC3——安全性评估

MC4——试验室试验　　MC5——地面试验

MC6——飞行试验　　　MC7——航空器检查

MC8——模拟器试验　　MC9——设备合格性

对于飞机结构的符合性方法可以通过设计说明、分析计算、安全性分析、地面试验、飞行试验和检查来验证是否满足规章的要求,其中关键的是分析和试验,并且要求采用的分析方法必须是经过试验验证过的或利用以往飞机使用经验或试验得到的。

1.6.3　适航验证试验的审查要求和程序

1）审查要求

（1）对于已批准的符合性验证计划中确定的验证试验项目(包括试验产品的地

面试验和试飞);申请人应在验证试验前足够长的时间内,向审查组提交试验大纲。

(2) 在验证试验前,申请人向审查组提交制造符合性声明。审查组组长或工程审查代表编制或填写型号检查核准书或制造符合性检查请求单,制造检查代表按其要求对用于验证试验的试验产品进行检查,同时还应检查试验产品的安装、试验设备和人员资格等,检查结果记录在制造符合性检查记录表,交给负责该项目的工程审查代表。

(3) 审查组组长或工程审查代表用型号检查核准书或批准放行证书/适航批准标签批准进行试验。

(4) 试验产品从已表明符合型号设计至提交验证试验这一段时间内不得进行更改。如有任何更改,需重报审查组批准和进行制造符合性检查。

(5) 审查代表在观察验证试验过程中,对发现的问题以试验观察问题记录单,并立即通知申请人和审查组长。该表由审查代表填写,用于记录试验中检查发现的问题。如有必要终止试验时,审查组长签署后通知申请人。当终止原因排除后,申请人应向审查组提出恢复试验的报告,经批准后才能恢复试验。试验结束后,在现场观察的审查代表应写出试验观察报告,简述试验结果和发现的问题以及申请人的处理措施。申请人应提交试验报告。

(6) 负责试验项目的审查代表,在需委托其他审查代表或当地适航部门的人员代替其现场观察试验时,应填写制造符合性检查请求单。受委托的人员在观察试验后,应填写试验观察报告并交给负责该项目的审查代表。

(7) 审查代表审查批准申请人提交的试验报告,并填写型号资料审查表。

2) 审查程序

依据审查要求,适航验证试验需要按照下列程序工作:

(1) 编制试验任务书,提交适航代表审查,同时提供相应的支持报告。

(2) 发出试验件图样及相关技术文件,提交适航代表审批,批准后方能进行试验件生产。

(3) 确定试验件制造符合性检查项目,并对试验件进行制造符合性检查(必要的生产环节)。

(4) 编制试验大纲,提交适航代表审批。

(5) 对试验件进行交付前制造符合性检查,获取适航标签。

(6) 试验单位的质量保证体系审查,并进行试验前制造符合性检查,合格后方可开始试验。

(7) 工程审查代表目击试验,根据试验的性质与需要确定目击次数(审查试验中的记录、抽取试验数据与曲线审查、复现试验状态等)。

(8) 完成试验。

(9) 编制试验报告和试验观察报告,提交适航。

(10) 编制试验总结报告或符合性验证报告(若关闭条款),提交适航审查,并获批准。

3）试验大纲

试验大纲的内容通常包括：试验目的（包含拟验证的适航条款）；试验依据；被试对象即试验产品的说明（包括试验产品构型、试验产品在试验装置上的安装、有关图纸编号等）；试验中使用的所有试验设备清单及校验和批准说明；测试设备及其精度；对试验产品和试验装置的制造符合性要求；该试验预期如何表明对拟验证条款符合性的说明；试验步骤；试验成功判据；记录项目；异常情况的处理等。其中所引用的文件、数据资料应有明确的说明，必要时可提供审查。

试验大纲必须非常细致，可实施操作，试验中的每一项行动都要落实到试验大纲中去，且可检查和给出结论。

4）试验报告

试验报告的内容通常包括：

（1）试验目的（试验参照的适航标准条款）。

（2）试验产品的说明：试验产品的构型及偏离；制造符合性检查；试验产品构型偏离的影响评估等。

（3）试验设备：附有照片的完整说明或引用以前使用过同一设备的报告（如有必要）；试验件状态；试验产品在试验设备上的安装方式；仪表及其校正状态等。

（4）试验程序：试验名称；试验步骤及其记录；试验推迟的次数和原因等。

（5）试验数据资料：至少包含试验数据整理后的结果、曲线、图表以及数据整理方法和修正方法等。

（6）试验后分解检查结果，包括重要的尺寸变化、无损检验结果、故障照片和分析等。

（7）有关的试验分析报告（如燃油、滑油的试验分析等）。

（8）结论。

1.6.4　技术资料和试验的工程评审

1）结构（强度）专业需要审查的基本技术资料

（1）设计准则报告。设计准则报告是航空器结构设计的准则，由它产生所有载荷报告。应对载荷报告中的载荷情况做进一步的详细研究，以便确定所有机体结构件的临界情况。所有结构报告中的符号应与该报告的符号一致。当更改影响航空器和结构设计、设计条件和结构载荷时，应相应修改该报告。应审查的项目有：载荷数据使用的符号惯例；航空器构造的说明；设计重量；重心限制；设计速度；座舱增压；包括载荷、强度、结构验证、振动和颤振的一般要求；飞行准则；着陆和地面操纵准则，操纵面和操纵系统载荷；各种载荷、疲劳、损伤容限或破损安全强度及载荷分析程序。

（2）基本载荷数据。基本载荷数据是根据适航标准规定设计情况确定的航空器各主要部件上的载荷，是对结构设计进行评审的基础，因而，应该仔细审查它的完整性和准确性。在评定基本载荷数据报告时,重点应放在所做的假设和每个特定情况获得载荷的方法上。特别是新的设计方法和计算方法。此外,应尽早安排航空器外载荷设计和计算的审查。

（3）重量和重心数据。通常,申请人估算的航空器原始重量可以认为是满意的,不需进行审查。应该查明计算出的重心位置范围。对可收起落架的飞机,计算重心位置时,应考虑收起或放下起落架的影响,还应考虑因飞机姿态改变、燃油流动（应急放油,改变飞行高度）及乘客走动所引起的重心移动。

（4）尺寸。在数据检查过程中,应检查图纸中的实际尺寸与使用中的基本数据是否一致。应注意在设计的早期阶段可能会发生更改了图纸或数据,但未做相应更改的事情发生。

（5）总重量和起落架数据。运输类航空器型号合格证申请人应该用备忘录形式向民航总局提交航空器总重量和起落架数据,供民航机场服务部门使用。内容如下:

（a）总重量（包括预期的增长）。

（b）起落架几何数据（停机平面图、轮间距、每个轮系的轮子数和每个起落架的间距）。

（c）轮胎压力。

（d）轮胎接地面积。

2）结构（强度）专业的动载分析

应避免产生颤振和其他气动弹性不稳定。

（1）概述。

（a）在颁发型号检查核准书（TIA）前,应确认申请人已提供足够的证明,保证其航空器能避免颤振和其他气动弹性不稳定。

（b）必须仔细评审申请人提交的避免颤振和气动弹性不稳定的所有设计。包括机翼颤振、操纵面（包括调整片）的颤振;涡轮螺旋桨发动机安装涡旋模式;副翼、方向舵和升降舵操纵反效;机翼扩散扰动,旋翼叶片颤振、旋翼机地面共振试验及有关各类稳定性的破损安全评定。

（c）应该审查结构细节设计状态,确保不存在使用中会引起气动弹性不稳定的不安全设计特性。这些设计状态包括:足够的强度、操纵面平衡配重的设计、持续刚度、在调整片操纵机构中没有导致游隙过分的趋势。

（d）审查组应亲自观察风洞试验,并了解验证的进展情况以监督颤振验证大纲。

（2）动载验证程序。

（a）通用类航空器:当申请人不具备颤振和气动弹性方面的经验时,审查组应在审查早期就同申请人讨论有关颤振的验证符合方法。验证的程序与方法一般包括:解决气动弹性问题的方法、所考虑的各种状态、地面振动试验和飞行试验。

（b）运输类航空器：审查组必须确认所进行的颤振分析和模型试验。应表明在使用范围内及所要求的边界范围内，航空器的设计能够避免气动弹性不稳定性。颤振验证的审查重点为：评审分析方法，审查航空器重量和燃油的分布以及可能影响稳定性的所有因素（自动飞行系统影响、马赫数影响、飞行高度、螺旋桨拉力和处置不当的燃油的影响等）。另外，还应审查气动弹性稳定性验证结果，以确定适航标准中全部损伤容限条款都得到了满足。

（c）旋翼机：旋翼叶片的颤振验证是通过完成飞行变形测量得到的，由于试飞大纲中包含设计空速包线和旋翼转速以及足够空气动力所产生的任何潜在颤振模式和气动操纵面控制等。所以审查组应检查影响颤振稳定性的操纵面范围，并确定是否需要进一步的试飞。对于非刚性旋翼所承受的"地面共振"的不稳定性，审查组应评审其设计特性以避免这类不稳定现象的发生，并确定这种设计特性不会导致在使用中造成丧失稳定性。在对旋翼机的审查过程中应确定适航标准中有关的损伤容限条款都得到了满足。

（d）地面振动试验：审查组应亲自观察原型机地面振动试验。在地面振动试验中测量航空器的振动频率，作为飞行颤振试验的技术基础，也作为验证申请人颤振分析结果的技术依据。地面测量与计算频率相差应不大于10%，并且分析和测量的振型应相似。

3）结构（强度）专业的应力分析

（1）概述。应评审申请人提交的试验型航空器结构强度报告，包括评审损伤容限结构、疲劳、风挡鸟撞、机舱内部安排等报告。审查重点为：方法和假设是否适用于设计；是否分析了所有加载情况；是否已使用了可接受的允许应力值；是否有安全裕度。

下列检查项目及在本段（2）～（8）中列出的项目仅是典型项目，并不包括所有的项目：

（a）确定取自基本数据报告的数值是否准确。

（b）考核基本假设。

（c）说明所用分析方法。

（d）检查安全系数的使用。

（e）确定使用的允许应力值已被证实并在确定的范围内限制使用。当设计值以样件试验结果做依据时，确定是否已适当地减小到"最小保证"的基础。

（f）较重要的报告部分，包括详细计算（如精确分析、二次弯曲、三力矩方程和联立方程的解）。在评审时，可采用与已有的类似机型的数据做总体结果比较来检查，不再进行例行的详细检查。

（g）为了确定分析设计是适用的，应参照图纸检查构件的尺寸、材料、热处理、压力限制等。当分析数据中未包括参考图号时，应及早向申请人提出。

（h）确定分析数据的可用性和精度。

（i）如果申请人在结构分析中大量使用了计算机。评审时不可能详细检查计算程序。重点应放在评定基本方程、假设和限制条件上。

（2）机翼：

（a）检查临界载荷情况下翼梁和受力蒙皮的强度。

（b）在主要结构如翼梁和覆盖的应力蒙皮有方向变化处,检查肋和隔板的设计。

（c）检查下列因素对翼尖油箱的影响：

① 端板效应。

② 翼尖油箱本身的气动载荷。

③ 翼尖油箱的惯性载荷。

④ 机翼的柔度。

（3）操纵面：

（a）检查升降舵和方向舵梁的设计。对使用连续三力矩方程应认真进行评审,除非对支点挠度进行充分考虑。

（b）检查使用了适当的轴承极限安全系数。

（c）检查操纵杆设计和安装。

（d）检查尾翼连接到机身或骨架上的方法和刚度。

（e）注意检查所用分析方法有可疑之处的安全裕度。

（f）注意在安定面前缘翼梁设计中是否正确使用了最大平衡载荷。

（g）用强度试验代替应力分析时,还应注意检查铰链轴承的安装和铸件的应力计算。

（h）检查铰链架的连接。在此位置上希望有备用件或加强面。

（4）操纵系统：

（a）仔细检查操纵系统的所有铸件是否符合铸件系数要求。

（b）在操纵系统所使用的铸件接头设计中,不要求额外附加的安全系数。

（c）检查承受角运动的接头是否有合适的轴承安全系数。

（d）用强度试验代替应力分析时,还应注意检查轴承安装和铸件的应力计算。

（e）轴承的允许载荷可以从有关的目录文件中获得。

（5）起落架:当减震柱的技术数据及有关对应关系作为考核项目的参考资料时,则应在飞机文件中注明这些技术数据的有关对应关系文件的出处,以供查阅。

（6）机体。

（a）对有增压舱的飞机,应检查增压舱的设计载荷、疲劳计算应力水平的规定。

（b）检查机体与机翼、水平尾翼、垂直尾翼、起落架、发动机等主要传力件的连接强度。

（c）检查机身承力地板梁、地板梁与框连接的强度。

（d）检查应急舱门、窗操纵机构的可靠性。

（e）检查长桁、框缘条的对接计算。

（f）检查玻璃固定计算等。

（7）连接件。

（a）检查各种类型连接件采用的载荷和附加的安全系数。分析飞行中的安全裕度应包括附加的安全系数。

（b）检查各种部件之间载荷分配的方法。

（c）注意计算中使用的允许应力是否适用于所考虑的连接件各个部分（管材、角材、管子等）。

（8）货板和网。检查并判明设计载荷是否至少为 CCAR25 第 561 条规定的最小惯性力；应计算出临界飞行和着陆载荷系数；特别注意垂直载荷系数；货物重心位置的影响；固定装置和地板也应符合这些要求；货板和网用标牌标出最大允许的货载，最大允许的纵向和横向重心位置允限。另外，若从一种型别航空器到另一型别航空器货板和网是可互换的，不一定使用这些相同的最大值。

4）结构（强度）专业的试验

（1）航空器设计强度、系统操纵、功能和可靠性试验。

（a）审查代表应现场观察申请人为证实设计强度对某个系统的操纵、功能和可靠性的验证试验，某些试验制造检查代表观察并进行制造符合性检查。在试验前申请人应及早把试验计划通知审查组，以便审查代表参加。

（b）对于已经承受过极限载荷试验的航空器结构件，不能作为航空器构件使用。静力试验加载限制载荷后，试验样件经检查没有永久变形和损伤，则可以作为航空器构件使用。

（c）现场观察试验时，审查代表应检查试验件的设施、安装和试验加载的精度。

（2）试验建议和亲自观察试验。

（a）在合格审定过程中，申请人应尽早上报建议的试验大纲（含有结构载荷分布数据）。审查组应审查试验大纲，以确定为表明符合适用的适航标准而选用的临界情况与基本数据中所列的临界情况相符。同时，对所施加的载荷与基本载荷数据报告或结构分析中所制订的相应载荷进行比较。

（b）建议所有地面试验都应由审查代表进行观察。

（c）审查代表审查试验大纲和试验设施时，发现问题应立即通知申请人的代表，以避免严重影响审定计划。

（d）静力试验时要考虑到使用经验。若零部件耐疲劳性差、变形过大或为易损结构，即使样件试验合格但仍可能引起使用困难。审查代表应在早期就对这些情况提出建议，记入审查记录中。

5）设计与构造

主要用于审查航空器结构设计的细节和设备目录、图纸目录的编制。

（1）设备和系统安装的鉴定。所有设备、系统和附件的安装和布局应在实体模型和/或航空器上进行检查。各种设备部件均应有适合的构件支持固定。重要的试验应有审查代表在场观察。

（2）主要装配和安装图。主要装配和安装图应在工程项目初期开始评审。评审内容如下：

（a）使用材料的规范或说明书。

（b）检查主要零件细节设计，如钣金件中弯曲半径、倒角、制造方法、锻造、焊接、容差规定、热处理、连接、铸造、连接锁定方式、应力集中的消除、预防腐蚀方法和检验措施等。

（3）机体详细设计。在检查主要部件的详细设计特征时，下列项目应予注意：

① 机翼。

（a）翼肋、翼梁的连接刚度及对疲劳损伤或次应力敏感特性。

（b）襟翼和副翼铰链支座刚度结构，防止疲劳损伤的连续性。

（c）机翼连接装配的连续特性及防止导致应力集中、疲劳损伤和偏心的特性。

② 操纵面。

（a）副翼、方向舵和升降舵的静力和动力平衡措施，应特别注意平衡配重固定连接的刚度。

（b）检查尾翼、翼面连接悬臂的刚度。

（c）检查副翼、方向舵、升降舵铰链的刚度。注意可能使铆钉受拉载的任何特性在钢性铰链（合页）情况下，检查局部翼肋结构和铰链材料承受由铰链悬垂造成的和偏心载荷的能力。

（d）检查分开式升降舵之间连接结构的刚度。

（e）检查可调安定面和配平片的止动装置。

（f）检查襟翼内部连接的刚度。

③ 操纵系统。

（a）检查由应力分析不可预测的刚度或强度特性。

（b）检查系统的止动器。

（c）检查配平片操纵不可逆性。检查主要系统连接元件出故障时配平片的动作能力。

（d）如果装有锁，应检查其是否符合适航标准规定。

（e）检查钢索是否有合适的防护罩或滑轮托架。

（f）检查操纵系统的动力部分。

④ 起落架。

（a）检查在载荷作用下起落架本身的偏移而引起的起落架或支撑结构中可能产生的次应力。

（b）当起落架处于全收和全放之间的中间位置时，检查收放机构施加于主要结构的载荷。

(c) 检查放下位置锁和人工操作的符合性要求。

(d) 检查根据各构件壁厚所规定的热处理要求。

⑤ 船体和浮筒。检查水密舱的密封性以满足浮力要求。

⑥ 机身和货舱。

(a) 检查行李舱的强度、标牌和限制行李移动的装置。

(b) 检查出口的数量和尺寸,主控制和应急控制系统。

(c) 检查风挡安装是否符合强度要求,运输类航空器应检查风挡鸟撞试验强度是否符合要求。

(d) 检查防火的控制火焰措施及材料。

6) 工艺和工艺规范或说明书

(1) 要求有关结构的制造方法能持续制造出同样优质的构件。用批准的工艺规范或说明书控制制造方法。型号设计中需要的工艺规范或说明书应在图纸评定时由有关审查代表批准。通常用批准制造人图纸清单的方法来批准工艺规范或说明书。当图纸要求采用某种特种工艺,如金属焊接、塑料或玻璃纤维层压等时,应对该特种工艺进行评审。

(2) 工艺规范或说明书通常应包括:总的任务或该工艺用途及其适用范围、预防措施或使用说明、所涉及的材料和/或设备的详细清单、工艺过程实施的步骤程序、验证其一致性的检查和/或试验程序,任何有关的特殊处理、储存或保护性措施。

7) 设备目录、图纸目录的审查

(1) 设备目录。设备目录是型号设计的一部分。审查目录时应注意确定是否在一个标题下包含了所有需要的设备项目,并在适当标题下列出了所有附加的设备项目。应确定设备目录是否包括了项目名称、型别、生产厂名称、重量及相对航空器基准线(站位)的位置,以及批准的方法等信息。

(2) 图纸目录。图纸的技术资料评审结束后,应审查图纸目录以判明图纸目录的完整性。图纸目录包括图号、更改版次号及批准后的图纸的标题。不符合要求的地方应通知申请人予以改正,在颁发 TC 时,应将申请人的图纸目录副本封好并退还申请人。

1.7 表明适航符合性的工作程序

1.7.1 掌握适航法规

民用飞机要符合适航规章才能进入市场投入运营,因此,研制民用飞机就要遵守适航法规,就要按照适航的规章要求开展研制工作。只有深入透彻地研究每条规章制度,以及如何执行,需要完成哪些工作,达到怎样的技术要求和指标,并认真执行,给出明确的结果和结论,才能通过规章的审查。

1.7.2 提供证据表明符合法规

在适航审查中,适航当局好比法官,申请人好比原告或被告。申请人必须提供充分的证据来表明规章中每一条款的符合性,即采取何种技术途径,做了哪些工作,怎么做的,做的整个过程记录,得到怎样的结果,怎么说明符合规章的要求等。即一切符合性的工作都要有记录,可追溯,状态清晰,随时备查,并且直至飞机全部退役。这是几十年,甚至是半个世纪以上的漫长历史,因此所有的工作都需要认真严谨,经得起反复检查和审查,不能因人而异。

1.7.3　执行法规的法律程序

(1) 申请人解读法律,确定需要执行的法律条款。

(2) 申请人提供执行法规的技术方案,并得到适航当局的批准。

(3) 申请人按照技术方案要做的工作编制工程技术资料(图纸、文件等),提交后向适航工程代表详细说明技术思路,并得到适航的批准。

(4) 申请人再按照批准的工程技术资料生产试验件和产品,并按照工程要求编制执行指令,记录所有生产过程。

(5) 在完成某阶段的生产后,申请人要向适航制造代表提出符合性声明,说明该生产已符合工程要求。

(6) 适航制造代表按照申请人的声明、适航工程代表批准的工程资料及制造符合性请求单,对申请人生产的试验件和产品进行符合性检查,申请人要提供所有生产和检验记录以表明符合批准的工程资料要求。

(7) 对于试验,申请人要编制试验大纲,阐述对某些条款符合性的做法,试验的详细可操作程序,得到适航工程代表的批准。

(8) 其试验件和试验安装要按照批准的试验大纲与图纸执行,完成后向适航制造代表提出符合性声明,说明该试验准备已符合工程要求。

(9) 适航制造代表按照申请人的声明和适航工程代表批准的试验大纲,对试验件、试验设备及安装进行符合性检查,申请人要提供所有生产和检验记录以表明符合批准的工程资料要求。

(10) 申请人按照批准的试验大纲进行试验,完成后提交所有试验记录、结果及试验报告。

(11) 最终的结果与结论得到适航工程代表的批准。

总之,表明符合适航规章的工作,要编制工程资料得到适航工程代表的批准,再按照批准的工程资料干活,再拿出干活的证据,经过适航制造代表的检查,最终结果与结论所得到适航工程代表的批准,才能颁发 TC 证。

2 符合适航要求的验证技术途径分析

2.1 适航符合性方法的确定

民用飞机结构的耐久性与损伤容限要符合适航要求,需要系统完整地进行规划和组织实施,并建立一套完整的技术体系、体制和实施途径。为了符合 CCAR25.571 条款,所涉及的专业包括材料、结构、强度、工艺、制造、试飞、维修、市场、保障、客户服务等方面,这些专业的研究需要围绕一个统一的目标——CCAR25.571 条款和客户对寿命的要求,才能研制出市场需要的飞机。

2.1.1 符合性方法

对于 10 种适航符合性方法,具体选择采用何种方法时可根据以下说明进行分析和选择:

MC0 称为符合性声明,通常可以在符合性检查单/符合性记录文件中直接给出。此种方法适用于引用了已经过适航验证过机型的设计构型。

MC1 称为说明性文件,如技术说明、安装图纸、计算方法、证明方案、飞机手册……此种方法适用于该条款符合性工作的完成需要有顶层的文件来说明和制订具体要求,设计原则、计算方法、飞机手册、图纸清册等均可属于此类。

MC2 称为分析/计算,如载荷、静强度和疲劳强度、性能、统计数据分析、与以往型号的相似性……所有的计算报告属于此类,最终适航要批准的计算报告是要经过试验验证后的报告。

MC3 称为安全评估,如初步风险分析,故障树分析,失效模式影响和关键性分析/FMECA,软件质量计划……对于涉及飞机安全性的综合问题要进行系统级和飞机级的安全性评估,这些文件用于规定安全目标、说明演示已经达到这些目标。

MC4 称为试验室试验,如静力和疲劳试验、环境试验……试验可以在零部件、组件和完整飞机上进行,需要单独生产试验件。

MC5 称为地面试验或机上试验,如旋翼和减速器的耐久性试验、环境、温度等试验……,在飞机上进行的试验,如电磁兼容、共振试验等。

MC6 称为试飞,当规章明确要求时,或用其他方法无法完全演示符合性时采用。

MC7 称为航空器检查,如系统的检查隔离、飞机检查和维修的规定。需要在飞机上通过实际的检查才能证明其符合性时采用。

MC8 称为模拟器试验,如评估潜在危险的失效情况、驾驶舱评估。通过在模拟器上的试验,评估驾驶舱的安全性。

MC9 称为设备合格性,如对预期功能的适合性、在临界环境中的性能。可能要记录于设计和性能的声明中。

2.1.2　CCAR25.571 条款的验证技术途径分析

1) 条款理解

(1) 对于 a)款:

(a) 要保证飞机在整个使用寿命期间避免由于疲劳、腐蚀、制造缺陷或意外损伤引起的灾难性破坏。

(b) 要考虑可能引起灾难性破坏的每一结构部分(诸如机翼、尾翼、操纵面及其系统,机身、发动机架、起落架以及上述各部分有关的主要连接),需要对结构进行分类。

(c) 对于损伤容限结构按照 b)款评定,对于安全寿命结构按照 c)款评定,对于可能受声疲劳引起的灾难性破坏按照 d)款评定,对于任何可能遭受离散源损伤破坏的结构按照 e)款评定。

(d) 要考虑服役中预期的典型载荷谱、温度和湿度。

(e) 要判明其破坏会导致飞机灾难性破坏的主要结构元件和细节设计点,并对其进行评定。

(f) 对主要结构元件和设计细节,要进行有试验依据的分析。

(g) 在进行评定时,可以采用结构设计类似的飞机的服役历史,并适当考虑它们在运行条件和方法上的差别。

(h) 根据评定结果,必须制订为预防灾难性破坏所必须的检查工作或其他步骤,并必须将其载入 §25.1529 要求的"持续适航文件"中的"适航限制"一节。

(i) 对于损伤容限结构,必须在裂纹扩展分析和/或试验的基础上建立其检查门槛值,并假定结构含有一个制造或使用损伤可能造成的最大尺寸的初始缺陷。

(j) 损伤容限评定必须包括确定因疲劳、腐蚀或意外损伤引起的预期的损伤部位和型式,必须结合有试验依据和服役经验支持的重复载荷和静力分析来进行。

(k) 所设计的结构有可能产生广布疲劳损伤时,必须对此进行考虑与评估。

(2) 对于 b)款:

(a) 必须用充分的全尺寸疲劳试验依据来证明在飞机的设计使用目标寿命期内不会产生广布疲劳损伤。

(b) 型号合格证可以在全尺寸疲劳试验完成前颁发,但是适航当局必须批准为完成所要求的试验而制订的计划(试验大纲),并且在 §25.1529 持续适航文件适航限制部分中给出规定,在该试验完成之前,任何飞机的使用循环数不得超过在疲劳试验件上累积的循环数的一半。

(c) 在使用寿命期内的剩余强度评定必须与初始的可觉察的,以及随后在重复载荷下的扩展情况相一致。其评定必须表明,其余结构能够承受剩余强度的载荷(作为极限静载荷考虑)。

(d) 按照 b)款中规定的载荷状态计算剩余强度载荷(非离散源)。

(e) 如果在结构破坏或部分破坏以后,结构刚度和几何形状,或此两者有重大变化,需要考虑对损伤容限的影响。

(3) 对于 c)款:

(a) 对于不适用于 b)款对损伤容限要求的某特定结构,确定为安全寿命结构,需要经过适航当局的批准。

(b) 这些结构必须用有试验依据的分析表明,它们能够承受在其服役寿命期内预期的变幅重复载荷作用而没有可觉察的裂纹。

(c) 在分析和试验中必须采用合适的安全寿命散布系数。

(4) 对于 d)款:

(a) 对于可能遭受声激励环境的结构部位,必须用有试验依据的分析,或者用具有类似结构设计和声激励环境的飞机的服役历史表明其安全性。

(b) 要评定承受声激励的飞行结构的任何部分不可能产生声疲劳裂纹。

(c) 要评定在 b)款规定的剩余强度载荷作用下,所有受疲劳裂纹影响的部位,声疲劳裂纹不可能引起灾难性破坏。

(5) 对于 e)款:

(a) 在遭受离散源损伤的情况下,飞机必须能够成功地完成该次飞行。

(b) 离散源的考虑要包括:鸟撞损伤、风扇叶片的非包容性撞击、发动机的非包容性破坏、高能旋转机械的非包容性破坏。

(c) 损伤后的结构必须能够承受飞行中可合理预期出现的静载荷(作为极限载荷考虑,即离散源剩余强度载荷),可以不需要考虑对这些静载荷的动态影响。

(d) 离散源剩余强度载荷计算必须考虑驾驶员在出现事故后采取的纠正动作,诸如限制机动,避开湍流以及降低速度。

(e) 如果在结构破坏或部分破坏以后引起结构刚度或几何形状,或此两者有重大变化,则需要考虑它们对损伤容限的影响。

2) 验证方法

CCAR25.571 条款的适航符合性方法通常确定为:MC1、MC2、MC3、MC4、MC6,对于每一种符合性方法需要开展以下工作:

MC1:对飞机结构符合损伤容限设计要求的设计说明,制订设计准则与设计要求。

MC2:对所有飞机结构含操纵面及其系统按照其设计要求进行强度分析:静强

度分析、载荷谱制定、疲劳载荷计算、疲劳分析、损伤容限分析(裂纹扩展分析和剩余强度分析)、离散源损伤容限分析、声疲劳分析等。

MC3:进行系统的安全性分析,确定故障状态下的剩余强度载荷,进行故障状态下的损伤容限分析,是否满足剩余强度要求;进行遭受离散源损伤的系统安全性分析。

MC4:进行各项适航符合性的验证试验,尤其是全尺寸疲劳试验,验证飞机在设计服役目标使用期内不发生广布疲劳损伤。

MC6:进行载荷谱及疲劳载荷的飞行测量。

2.1.3　CCAR25.1529 条款的验证技术途径分析

1) 条款理解

.(1) 需要按照附录 H 编制持续适航文件。

(2) 在型号合格审定时,这些持续适航文件可以是不完备的,但必须有计划保证在交付第一架飞机之前或者在颁发 TC 证之前完成这些文件。

2) 验证方法

CCAR25.1529 条款的适航符合性方法通常确定为:MC1、MC2、MC4,对于每一种符合性方法需要开展以下工作:

MC1:飞机结构持续适航文件的编制,提供手册。

MC2:对所有飞机结构持续适航文件中需要以分析确定的参数提供详细的分析报告。

MC4:支持持续适航文件的试验。

2.1.4　CCAR25 附录 H 的验证技术途径分析

1) 条款理解

(1) 对于 H25.1 款:

(a) 编制的持续适航文件要包含飞机、发动机及装机设备,以及所需的有关这些设备和产品与飞机相互连接关系的资料。

(b) 还要提交一份文件,说明如何分发由申请人或装机产品和设备的制造厂商对持续适航文件的更改资料。

(2) 对于 H25.2 款:

(a) 编制的持续适航文件要有统一格式要求,并便于使用,具有工程实用性。

(b) 根据持续适航文件数量编制成一本或多本手册。

(3) 对于 H25.3 款:

(a) 按照规定的要求确定需编制的持续适航文件。

(b) 按照规定的手册内容编制。

(4) 对于 H25.4 款:

持续适航文件必须包含适航性限制的条款,必须按 §25.571 批准的有关结构检查程序编制。

2）验证方法

附录 H 的适航符合性方法与 CCAR25.1529 一并考虑。

2.2 确定审定大纲与验证项目

在型号合格审定基础及其条款的符合性方法基本确定后,各专业要对确定的符合性方法进行具体研究与实施,如分析报告、验证试验、符合性报告等研究工作及完成计划等。编制全机适航验证的详细计划,即型号合格审定大纲。型号合格审定大纲是依据与适航当局共同确定的符合性方法和项目研制计划将符合性验证工作细化落实,是申请方和适航当局共同安排审定工作的基础性文件。

型号合格审定大纲编制中重要的是要考虑同一专业涉及的不同条款按同一符合性方法(MOC)进行分类合并,形成每项符合性验证任务;其次就是不同专业涉及同一条款及相互之间的验证任务的协调,必要时对涉及多专业验证工作要进行全机的协调,并对验证任务进一步合并。型号合格审定大纲中还包括完成验证任务的时间节点,其节点应与整个飞机研制计划相协调,尤其是与各专业研制工作计划相协调,从而使适航审查工作与项目研制工作协调。

在审定大纲确定的基础上,针对各验证试验项目具体的验证过程进行分解和细化,制订专项验证计划,落实每一环节审查的内容与人员,以便对验证过程进行适航审查。

在飞机型号合格审定过程中,遵循中国民航有关的型号合格审定程序要求,申请人应编制型号合格审定计划并据此开展型号合格审定工作。型号合格审定计划分为飞机级(AGCP)与系统级(SCP),对于 CCAR25.571 条款结构的损伤容限与疲劳评定就属于系统级的合格审定计划(CP)。

研究理解 CCAR25.571 条款的技术内涵,其设计与评定采取的主要方法是分析与试验,其适航验证试验主要有:结构组件、部件的符合性验证试验;全尺寸结构的符合性验证试验。

2.3 适航符合性审查与验证

2.3.1 审查内容

在飞机整个研制过程中适航当局对结构强度专业要审查以下内容:

(1)基本技术资料:设计准则报告、基本载荷数据、重量和重心数据、总重量和起落架数据。

(2)气动弹性分析:避免颤振和气动弹性不稳定发生,审查设计细节,设计状态要保证足够的强度和刚度,目击风洞试验和地面共振试验、监督颤振验证大纲、确认颤振分析和模型试验。

(3)应力分析:静强度报告、疲劳强度报告、损伤容限分析报告、鸟撞分析报告。审查确认基本数据的准确性、基本假设合理性、分析方法的正确性与适用性(是否经过验证)、安全系数使用的正确性、许用值确定的依据及保守性等。

（4）试验：试验件的制造符合性检查、试验大纲的审查与批准、目击试验、试验报告及试验符合性报告的审查与批准。

2.3.2　适航合格审定计划

适航合格审定计划主要包括以下方面的内容：

（1）设计特点叙述：要对涉及该专业或条款的飞机结构（含供应商负责的）设计进行概括描述，确认其构型状态，内容包括设计原则、结构设计特点、结构各部位所采用材料（分大类）、设计方法等。

（2）审定基础：相关的适航条款、有关的 AC 通报、问题纪要、专用条件等。

（3）对条款的理解：条款的技术含义、目的，关注的技术内容和重点、期待的符合性结果。

（4）验证技术思路：对（1）中所叙述的结构，论述采取符合性验证方法，如地面试验、试飞、分析或者其他可接受的符合性方法等，并说明各部件所采取的验证方法。对符合性方法的描述必须充分，以确认能够得到所有必须的数据/资料并且能表明符合性。给出符合性方法表、符合性验证思路说明、分析报告文档清单、符合性检查单，并给出试验项目清单、试验设备清单、试验计划、制造符合性检查计划等。

对于试验件，还应确定其设计特性，以此作为制造符合性检查代表确认试验件符合试验要求（例如，尺寸或者公差带信息）的具体指导。对于试验设备，还应确定试验设备的相关信息，确定试验前如何校准和批准设备。这些内容可以以审定大纲、专项验证计划和符合性检查单形式给出。

（5）符合性判据：说明根据所确定的验证方法，需达到的验证目的及符合性的判据，包括关键节点应完成的验证工作。

在依据专业或条款的适航合格审定计划完成相应的适航符合性验证工作，并经过适航审查后，将符合性结论进行总结归纳，编制各专业或条款的符合性报告。根据该条款各种符合性方法给出的验证结果，总结归纳出该条款的符合性结论。

2.4　适航符合性验证计划的实施

符合性验证工作的实施将按照专项适航合格审定计划来开展研制工作，对于 CCAR25.571 条款，其符合性验证要重点从下述方面进行符合性验证工作，从而支持飞机 TC 证的获得与持续适航。

依据适航条款和 AC 咨询通报制订设计准则；对结构进行分类，确定各类结构符合 CCAR25.571 条款的设计要求及相应的符合性方法；按照设计要求从总体的结构传力、结构选材、应力水平控制、抗疲劳工艺、结构细节出发设计长寿命的结构；确定使用任务剖面和载荷谱；研究确定各类结构的分析评定方法，通过试验验证分析方法，对结构进行疲劳分析、损伤容限分析；通过全尺寸疲劳试验、部件疲劳试验验证条款的符合性；制订持续适航限制文件、结构检查大纲和维修手册。

2.5　符合适航要求的顶层设计文件制订

民用飞机的研制是以市场为准绳的,适航条例是民用飞机进入市场运营的法规,是最低安全性要求,适航当局则是代表公众利益执行这一法规的机构。为了使所设计的飞机结构符合适航条例及客户的要求,在设计初期首先要研究分析适航条例的技术要求,按此细化制订顶层设计文件作为飞机结构设计的依据,而顶层设计文件所体现的技术水平直接关系到飞机设计的技术水平。民用飞机的市场实际上是世界性的市场,只有符合国际先进技术水平的民用飞机,在世界性市场上才有生存之地。因此,顶层设计文件编制的技术水平是研制民用飞机能否进入市场的基本保证,也是技术研究的关键所在。

认真研究 CCAR25 部 C 分部的条款和 AC 咨询通报,尤其是 §25.571 条款的深层次技术含义,理清技术思路,抓住技术关键,还要依据飞机设计的技术要求,考虑市场和用户对飞机的要求,如飞机寿命要求、市场运营使用情况、经济性等,制订结构耐久性与损伤容限设计的顶层文件,编制结构耐久性与损伤容限的设计原则和具体的设计要求,经过适航审查批准后用于结构设计与分析评定。

3 耐久性与损伤容限评定的技术原理

3.1 符合 CCAR25.571 条款的技术方案

3.1.1 技术流程分析

民用飞机由于寿命长、安全性要求高,因此结构的耐久性与损伤容限技术显得尤为重要,也成为适航审查的重点。然而,如何能系统完整地证明条款的符合性,是现代民用飞机研制中的关键。适航当局需要申请人能够全面系统地阐述符合性验证的思路与技术方案。通过研究适航条例与符合性验证方法,提出了民用飞机结构耐久性与损伤容限技术流程,如图 3-1 所示。

按照这一技术流程进行飞机结构的设计、分析、制造、试验验证和维护使用才能符合 CCAR25.571 条款的要求,在了解掌握国外先进的民用飞机结构设计方面的资料和单项技术的基础上,系统全面地分析和研究突破关键技术,并贯彻执行到飞机型号研制中,建立一套技术体系和管理体系,使各单项技术有机地形成一个整体。

3.1.2 技术方案的内容

符合 CCAR25.571 条款的技术方案需要阐述如下技术内容:

(1) 给出服役中期望的典型载荷谱。

(2) 明确给出需要评估的部件和部位。

(3) 进行分析评定(损伤容限评定、疲劳评定、离散源损伤容限评定、声疲劳评定)。

(4) 进行试验验证。

(5) 持续适航文件制订。

需要编制详细的符合 CCAR25.571 条款的技术方案,并提交适航审查。该技术方案给出了完成的符合适航要求的技术思路,符合性验证工作以及每项工作的技术实施途径。

3.1.3 符合 CCAR25.571 条款的工作内容

符合 CCAR25.571 条款的主要工作内容:

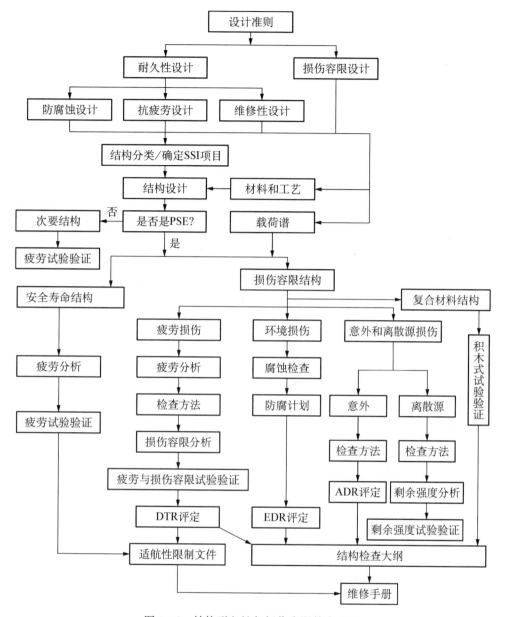

图 3-1　结构耐久性与损伤容限技术流程

（1）确定飞机在服役过程中的典型使用任务剖面及各典型使用任务剖面对应的设计服役目标。

（2）确定飞机在服役中预期的典型载荷环境。

（3）对结构进行分类,确定结构类别。

（4）按照各结构类别进行结构设计。

（5）确定飞机典型载荷谱,确定各疲劳分析部位的应力谱。

（6）对各疲劳分析部位进行疲劳评定。

（7）根据各疲劳分析部位的疲劳评定结果，参照相似机型确定飞机 PSE 项目。

（8）确定各 PSE 项目的损伤容限分析载荷谱及应力谱。

（9）确定各部位的环境。

（10）确定受声激励结构件的声激励谱。

（11）对安全寿命结构件（起落架）进行进一步的疲劳分析。

（12）对损伤容限结构件进行损伤容限分析，损伤容限分析包括裂纹扩展分析和剩余强度分析两部分。

（13）对受声激励的结构件除进行损伤容限分析外还需进行声疲劳分析。

（14）进行必要的试验对疲劳及损伤容限分析方法进行试验验证。

（15）材料性能试验，用于裂纹扩展与剩余强度分析。

（16）离散源损伤试验。

（17）疲劳和损伤容限试验。

（18）根据分析和试验结果确定适航限制项目，给出各限制项目的维修检查方法、维修检查门槛值及维修检查间隔或使用限制。

3.2　符合适航要求的专业管理体制

民用飞机只有获得适航当局颁发的 TC 证方能进入市场运营，而 TC 证的获得需要申请人从技术上符合 CCAR25 部的适航要求，并向适航当局的工程审定委员会表明其符合性。为了符合结构耐久性与损伤容限的要求，涉及许多专业：材料、结构、强度、工艺、制造、试飞、维修、市场、保障、客户服务等，必须协调、统一、全面地考虑各方面的技术要求，耐久性与损伤容限（CCAR25.571）的适航审查属于结构强度专业，同时也需要有一套相适应的技术管理体制来保证。

国外民用飞机研制已在该方面形成了一套完整的技术管理体系，在工程部门有设计组、材料组、工艺组、载荷组、应力组、损伤容限组等。工艺是工程的一部分，工艺文件是设计文件的一部分，统称为工程文件，这是非常重要的。通过工艺研究不断发展新的长寿命工艺方法来提高机体寿命，用于新结构的设计中。在设计中还要考虑全寿命的成本，从结构形式、工艺措施、检查通路、检查手段、结构修理等方面深入研究，优化结构设计使其既满足设计要求，又降低全寿命的成本。

而国内目前的体制是工艺与制造均在工厂，工艺文件没有真正成为工程文件的一部分，所以在对 CCAR25.605 条款进行符合性验证时不够充分，或由于工艺的不稳定性及不确定性，使试验件不具有代表性，这样对所生产的结构件是否能满足耐久性与损伤容限的设计要求，其制造的符合性是否满足要求带来一些不确定性因素，难以证实所验证的设计构型是最终交付用户的构型。因此，与中国民用航空规章相适应的专业设置与技术管理是民用飞机获得 TC 证的保证。

要保证设计、生产和使用的飞机具有低成本和长寿命，管理体系和体制是重要的保证。要按照技术流程和计划安排飞机研制的各个节点,并按各个节点的技术要求、适航审查要求及适航程序完成相应技术工作,每一个环节要切实从技术、进度上落实,任何一个环节在技术上出问题或进度上不能保证,将会威胁到飞机的研制进度及寿命的保证,只有进度而没有寿命或安全性的飞机是不能生存的,因此,对于民用飞机的市场寿命和进度是同等的重要。

为了进度而牺牲寿命和安全,这是航空业的弊病,是波音、空客公司几十年的经验教训总结出来的。不过,没有进度节点要求的民用飞机也是不能占领市场的,因此,需要认真研究关键技术、适航要求,提前做好充分的技术储备,这样一切机会都会留给有准备的队伍。项目的管理就是要充分协调,并认真研究确定每一环节的技术核心与进度要求,制订满足飞机技术要求的、切实可行的、符合科学规律的计划并付之实施,才能保证研制出市场需要的、能长期生存的民用飞机。

3.3　飞机的设计服役目标确定

飞机在以疲劳设计为主要准则时,通常用"使用寿命"或"目标寿命"来描述所设计的飞机达到的服役期限,而近年来在以损伤容限设计为主要准则的民用飞机,FAR25 部修正案 25-96 和 FAA1998 年颁布的 AC25.571-1C 中已将此提法改为"设计服役目标"(Design Service Goal or Objective,DSG 或 DSO)。

飞机设计服役目标是指设计和(或)合格审定时所确定的一段期限(以飞行次数或飞行小时数计),主要结构应当不出现重大的开裂,明确指出用"设计服役目标"取代"设计寿命",理由是飞机制造商在取得型号合格证时还无法确切说出飞机可以使用多长时间,因此只能设定一个期望的服役时间作为设计的目标。飞机的设计服役目标不是一个固定的寿命,它是通过结构的评估与再评估和服役实践计划而延伸。

民用飞机的设计服役目标通常为经济使用至少 20 年,飞机的使用可用飞行小时或飞行次数来度量。航空公司在使用时习惯用飞行小时,而分析与试验表明民用飞机在起飞至着陆过程中的地—空—地(G—A—G)循环造成的损伤占全部损伤的比例极大,因此结构损伤容限评定时用飞行次数来度量更为重要。飞机 20 年的总飞行次数是与飞行长度(即起飞至接地,以小时计)以及每天的使用频率有关,"日使用率"就是某飞机一天的平均使用率,即一天的飞行小时数。

国外航空公司是根据其庞大的机队统计数据来确定 DSO,飞机的各种飞行长度与日使用率呈一定的关系,因此,根据 20 年中的飞行长度(以小时计)和飞行次数最严重的组合来确定设计服役目标,即设计服役目标应代表在短程、中程或远程飞行中最危险的那一种飞行使用(20 年)。

飞机设计要满足不论以哪种飞行剖面使用,如 100%短程使用、100%中程使用或 100%远程使用都至少能服役 20 年。对于选定飞行长度的特定飞机,根据该飞机计划的 20 年飞行次数与飞行长度的关系曲线可查得对应的符合该曲线导出时日使用率的 DSO。因此,设计服役目标必须在统计国内外同类飞机使用数据的基础上,对所设计飞机的使用情况和飞行任务剖面经过详细的分析才能确定。

在进行损伤容限评定时,通过分析研究确定一种典型任务剖面,其损伤能保守地代表飞机不论以哪种飞行剖面使用的损伤,按此剖面来确定最小设计服役目标(*MDSO*,见图 3 - 2),疲劳与损伤容限分析及试验将以 *MDSO* 来进行评定。特别强调设计服役目标与飞机向市场宣传的寿命目标不是一回事,设计服役目标是一个技术名词,具有相当的技术含量,需要通过数据统计、理论分析推导、图表曲线来确定的,是与飞机各设计参数相关联和匹配的数据,不是随意给的;而市场宣传的寿命目标是一个商业运作指标,无技术含意。

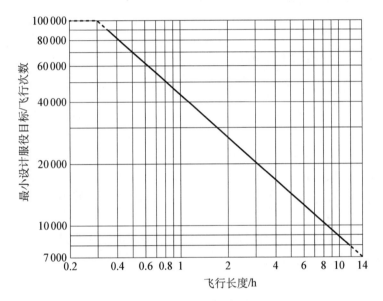

图 3 - 2　最小设计服役目标

3.4　结构设计要素及结构分类

3.4.1　损伤容限结构基本概念

在整个使用寿命期内,由于疲劳、腐蚀和意外损伤的存在,随着结构损伤的发生和逐步增长,会导致原有结构承载能力的逐步下降。结构还要求有足够的能力承受可能发生的离散源损伤。

总之,只要在结构剩余强度下降到规定的剩余强度载荷要求之前的任何时刻能够检查出损伤,并及时地采取维修措施恢复其承受极限载荷的能力,就安全性来说,残存结构仍可保持足够高的可靠性水平。这样一类容许任何部位存在一定限度损伤,并依靠检查来保证其安全服役的结构,是损伤容限结构设计的典型特征,如图3 - 3所示。

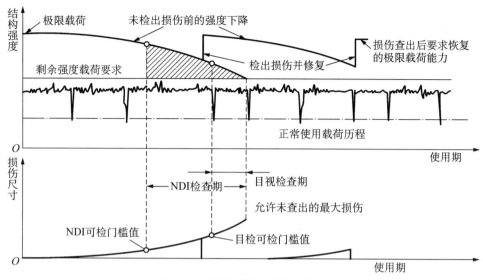

图 3-3　结构损伤容限基本概念

3.4.2　损伤容限三要素

组成损伤容限特性的三个同等主要的因素分别是：

（1）裂纹扩展阻抗，即在恰当的载荷谱和使用环境共同作用下，裂纹从可检尺寸扩展至损伤许用值之间的裂纹扩展期。

（2）临界裂纹尺寸，即结构在剩余强度载荷要求下的临界裂纹尺寸或在规定的损伤尺寸下是否满足剩余强度要求。

（3）损伤检查，即包括检查部位、检查方法和检查频率。

图 3-4 给出了采取不同设计理念设计出结构的评定结论，反映了损伤容限三要素所起的不同作用。

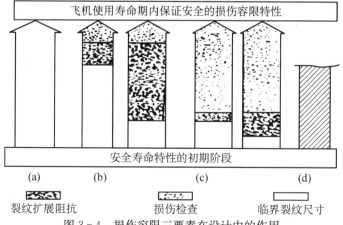

图 3-4　损伤容限三要素在设计中的作用

（a）最好设计；（b）良好设计；（c）不希望的高检查费用；（d）保守的安全寿命设计

3.4.3　结构设计要素

结构设计应符合 CCAR25.571 条款的规定,除非其在几何尺寸、可检查性及良好的设计实践等方面达不到有效的损伤容限设计要求时,其余结构一律要求按损伤容限设计。对不能进行损伤容限设计的部位,需要经过适航当局批准后方可采用安全寿命设计,一般情况只有起落架属于此类结构。

损伤容限设计优先考虑多传力路径结构,而不提倡单传力路径结构,特别地将双跨裂纹准则作为机翼下壁板和机身壁板的设计目标。如果放弃了限制载荷下双跨裂纹的设计目标,那么在所要求的可靠度和置信度下的临界裂纹将不再是目视可检的,这样的结构不能视为损伤容限结构。

损伤容限结构要重点考虑以下设计特征:

(1) 采用多传力路径结构和止裂件,用以控制裂纹扩展率,提供足够的剩余强度能力。

(2) 通过材料选择和应力水平控制,提供缓慢裂纹扩展率和高的剩余强度能力。

(3) 当任何一个主要结构件破坏,在其结构强度降低到 §25.571(b) 条规定的载荷条件之前,设计细节的布置应保证以足够高的检出概率,使之允许替换或维修破损元件。

(4) 在达到设计服役目标寿命之前,排除广布疲劳损伤(WFD)(MSD 或 MED)的可能性,并防止或控制这类损伤发生在设计服役目标寿命以外。

结构设计中要采取一切设计措施来提高结构耐久性与损伤容限特性。耐久性设计侧重于提高结构的细节设计质量,改善结构疲劳品质,良好的耐久性设计同时也为提高结构的损伤容限特性提供了基础。而损伤容限设计除了重视结构细节设计以外,还要重点考虑结构布置、止裂特性、结构可检性与可达性、维修性等问题。

3.4.4　结构分类

根据结构对飞机安全性的作用,可将结构分为重要结构项目(Significant Structure Item,SSI)和其他结构。重要结构项目是指对承受飞行载荷、地面载荷、气密压力或操纵载荷有重要作用的任何结构细节、结构元件或结构组件,它们的破损将影响飞机安全性所必需的结构完整性。

主要结构件(Principle Structural Element,PSE)是指对承受飞行、地面、气密压力或操纵载荷有重要作用的任何元件,它们若破损,其后果将是灾难性的。所有的 PSE 均为重要结构项目 SSI,一个 SSI 可以包含也可不包含 PSE。表 3-1 列出了结构分类。

第①类结构为次要结构,这类结构件从飞机上脱离或丧失其功能后并不危及飞行安全,结构维护仅取决于能早期检出与修理的经济性考虑。

表 3 - 1　结构分类

结 构 类 型			保证安全性的措施	技术控制方法	结构分类举例
其他结构	通过计划检查可检出损伤	① 次要结构	按安全脱离或功能丧失设计	继续安全飞行	机翼扰流板（安全脱离或功能丧失）
重要结构项目（SSI）		② 损伤明显或故障明显	具有充分的剩余强度以及在地面巡回检查或功能检查时能明显地查出大范围损伤	剩余强度	典型的机翼蒙皮/长桁壁板（燃油泄漏）
		③ 与结构特性相应的检查大纲	剩余强度裂纹扩展检查大纲	不包含在②或④中的所有重要结构	不包含在②或④中的所有重要结构
	安全寿命设计	④ 安全寿命	保守的疲劳寿命	疲劳	起落架及其连接

第②类结构是损伤或故障明显时尚能承受破损安全载荷要求的重要结构。所谓明显损伤是指在地面巡回检查或功能检查时,对飞机维护人员(不是结构检测人员)来说是明显可见的、容易检出的。同样,结构维护仅取决于经济性考虑。

第③类结构是依据计划的结构检查大纲按计划进行损伤检查来保证结构完整性的重要结构。检查大纲要反映剩余强度、裂纹扩展和损伤检出能力等结构特性,要评定三种主要损伤形式(疲劳损伤、环境损伤和意外损伤)的检查要求。要针对达到最大许用裂纹尺寸所需的裂纹扩展周期,对该检查大纲的裂纹检出能力进行评定。运营人的正常维护计划能安全地检出大多数结构在整个运行寿命期的疲劳损伤,尽管对某些结构在超过一定门槛值后可能还需要补充的检查。在这两种情况下,必须评定初始的大纲和任何更改或扩增,以保证安全的裂纹检出。

第④类结构是实际上不能实施或基本上不能实施裂纹检查的重要结构。其安全性是以试验支持的保守的疲劳设计为基础。用疲劳试验来表明,在规定的寿命期内,结构产生疲劳裂纹使得强度下降而低于限制载荷的概率极小。

3.4.5　PSE 项目确定原则

PSE 是损伤容限设计和分析的关键结构件,PSE 的选择依据以下原则:

(1) 主要承受飞行、地面、气密压力载荷的结构件。

(2) 受环境损伤(Environmental Damage,ED)、意外损伤(Accidental Damage,AD)、疲劳损伤(Fatigue Damage,FD)敏感的结构件。

(3) 单传力结构、多传力结构。

(4) 高应力水平部位。

(5) 1G 应力水平较高。

（6）安全裕度较小。

（7）结构的几何特性。

（8）材料特性。

（9）破损安全性能。

（10）载荷谱的严重程度。

（11）可检能力。

（12）典型结构构型。

（13）初步的疲劳和裂纹扩展分析。

（14）服役与试验的经验。

FAA 咨询通报 AC25.571-1C 给出了主要结构件 PSE 的典型实例：

（1）机翼和尾翼：操纵面、缝翼、襟翼及其机械系统和连接（包括铰链、滑轨和接头）；整体加筋板；主要接头；主要接缝；开口或不连续处的周围蒙皮或加强件；蒙皮长桁组合件；翼梁缘条；翼梁腹板。

（2）机身：框和邻近蒙皮；门框；驾驶舱天窗骨架；增压舱隔框板；开口周围蒙皮、框或加强件；周向载荷下的蒙皮、蒙皮接缝或两者；纵向载荷下的蒙皮、蒙皮接缝或两者；开口周围蒙皮；纵向载荷下的蒙皮和加强件的组合件；门的蒙皮，框和门闩；窗框。

（3）起落架及其连接件。

（4）发动机安装架。

3.5　载荷环境与载荷谱

正确确定飞机服役中预期遭遇的载荷环境和典型载荷谱是损伤容限和疲劳评定的先决条件，通常根据典型的飞行任务剖面和标准使用情况来确定。确定服役中预期的典型飞行使用载荷谱是进行疲劳和损伤容限分析的基础。合理地确定具有代表性的典型飞行使用载荷谱非常重要。

结构的耐久性与损伤容限设计要求采用谱分析或当量谱分析方法，根据典型飞行任务剖面的标准使用情况和使用载荷及载荷谱确定的应力谱进行结构抗疲劳设计。采用当量谱进行疲劳分析，采用谱分析方法进行裂纹扩展分析，采用飞—续—飞载荷谱进行损伤容限分析和全尺寸疲劳试验。

3.6　损伤容限评定

损伤容限评定的目的是在飞机设计服役目标期内，当发生严重的疲劳、意外或腐蚀环境损伤时，在损伤被检出前保证飞机结构能承受合理的载荷而不发生破坏或过度的变形。损伤容限评定包括确定因疲劳、腐蚀或意外损伤引起的预期的损伤部位和型式，评定必须结合有试验依据和使用经验支持的重复载荷和静力分析来进行。

如果设计的结构有可能产生广布疲劳损伤,必须加以特殊考虑,并通过全尺寸疲劳试验验证在 2 倍设计服役目标期内飞机不会发生广布疲劳损伤。对于损伤容限结构,按照 CCAR25.571 进行损伤容限分析与评定,同时还要进行疲劳分析与评定。损伤容限分析和评定的内容主要包括裂纹扩展分析、剩余强度分析和结构检查大纲的制订,在取证前其评定的任务主要有:

(1) 确定飞机的使用情况:根据飞机的市场定位与性能确定其设计服役目标及飞行任务剖面。

(2) 确定飞机在服役中预期的典型载荷环境。

(3) 编制飞机重心处过载谱:根据所确定的飞行任务剖面,编制飞—续—飞重心处过载谱。

(4) 选择进行评定的危险部位:通过静强度分析、疲劳强度分析选择和确定 PSE。

(5) 确定各个部位的结构类型:依据表 3-1 对所确定的 PSE 进行结构分类。

(6) 建立各个部位的应力谱:进行各 PSE 部位的疲劳应力分析,建立应力谱。

(7) 确定各个部位的使用环境(包括温度、湿度、腐蚀介质等),分析给出其空中环境谱、地面环境谱和局部环境谱,并研究得到当量环境谱。

(8) 确定评定部位的开裂模式:选择从检查方法和方向最危险的角度考虑多处损伤的开裂模式,特别注意可能导致灾难性破坏的开裂模式。

(9) 确定各个部位的裂纹扩展速率:通过确定各个部位的应力强度因子,选择裂纹扩展模型计算裂纹扩展速率。

(10) 验证并选定基本的裂纹扩展分析方法:通过试验或类似结构的使用经验,选定各部位的裂纹扩展模型和分析方法。

(11) 获得各种材料和几何形状的断裂性能数据:通过手册或进行实验测试获得。

(12) 确定限制载荷下每个部位的最大损伤:确定每个主要结构件在限制载荷下的最大损伤程度(尺寸),这个损伤尺寸是裂纹扩展计算的极限,检查大纲必须保证在达到这一损伤尺寸之前查出损伤。

(13) 验证并选定剩余强度分析方法:根据 CCAR25.571 的规定计算剩余强度载荷。

(14) 进行各个部位的剩余强度分析计算:确定结构在限制载荷下的最大损伤程度;或者通过分析预测结构在一定的损伤情况下是否能够满足剩余强度要求。

(15) 进行各个部位的裂纹扩展分析计算:确定使用载荷环境下,损伤从初始可检门槛值扩展到最大允许损伤之间的时间间隔(即裂纹扩展寿命)。

(16) 运营人、制造商和适航当局召开会议共同决定与使用经济性一致的检查方法和频率。

(17) 制订预定的维护检查大纲。

3.7　疲劳评定

疲劳评定的目的是保证在整个结构使用寿命期内,在遭遇到可能发生的变幅的重复载荷作用后,不发生灾难性疲劳破坏。所有重要结构项目,必须进行疲劳强度的分析评定,对确实不适用于进行损伤容限评定的重要结构项目,必须进行安全寿命评定。这些结构必须用有试验依据的分析表明,它们能够承受在其服役寿命期内预期的变幅重复载荷作用而没有可觉察的裂纹。

疲劳强度分析和安全寿命评定应当包括下述内容:

(1) 估算或测量结构预期的载荷谱:根据飞机使用情况确定典型任务剖面,计算疲劳载荷给出疲劳载荷谱,在设计初期一定要进行全面的疲劳评估,以保证结构详细设计与发图。

(2) 进行结构疲劳分析,包括应力集中影响的考虑,分析时必须采用合适的安全寿命分散系数。

(3) 对那些没有试验背景的结构进行疲劳试验,以确定该结构在使用中遭受预期典型载荷谱后的结构特性,确定结构细节,并验证计算方法。

(4) 在阐明载荷历程、变幅载荷分析、疲劳试验数据,使用经验和疲劳分析基础上,确定可靠的更换次数。

(5) 在对设计、质量控制和过去使用经验评定的基础上,估算来自于腐蚀、应力腐蚀、脱胶、意外损伤和制造缺陷等损伤源的疲劳起始的可能性。

(6) 对用户提供必须的维护程序和更换次数,维护程序应当包括在符合CCAR25.1529 的持续适航指令中。

3.8　声疲劳强度评定

适航条例规定,对于涡轮喷气飞机,可能引起灾难性破坏的结构部分,除进行损伤容限与疲劳的评定外,还必须进行声疲劳强度评定。即必须用有试验依据的分析,或者用具有类似结构设计和声激励环境的飞机的服役历史表明下列两者之一:

(1) 承受声激励的飞机结构的任何部分不可能产生声疲劳裂纹。

(2) 假定在损伤容限评定所确定的载荷作用在所有受疲劳裂纹影响的部位,声疲劳裂纹不可能引起灾难性破坏。目前声疲劳符合性的方法还是需要通过试验验证。

3.9　离散源损伤容限评定

离散源损伤的评定应当确定一个由离散源直接造成的明显损伤,而残存结构在完成该次飞行中能够以可接受的置信度承受最大载荷下的静强度(认为是极限载荷)。离散源造成的损伤有:

(1) 受到 1.81 kg(4 lb)重的鸟的撞击,飞机与鸟沿着飞机飞行路线的相对速度

等于海平面 V_C,或在 $2450\,\mathrm{m}(8000\,\mathrm{ft})$ 的高度上等于 $0.85V_C$,两者中取较严重者。

(2) 风扇叶片的非包容性撞击。

(3) 发动机的非包容性破坏。

(4) 高能旋转机械的非包容性破坏。

残存结构应考虑承受的极限载荷不小于下列情况:

(1) 事故发生时:最大正常使用压差乘以 1.1 的系数加上 $1g$ 平飞时预期的外部气动压力与 $1g$ 平飞载荷的组合;假定飞机处于 $1g$ 平飞,应当表明飞机能够支持得住由前述规定的离散源损伤造成的任何机动或其他飞行航道的偏离,并考虑到对飞行控制可能的损伤以及驾驶员采取的正常的纠正动作。

(2) 事故发生后:按照 70% 限制飞行机动载荷,以及在规定速度下 40% 限制突风速度(垂直和水平),各自分别与最大的相应气密压差组合(包括预期的外部气动压力);必须通过分析表明,直到 V_D/M_D 时,飞机因发生离散源损伤导致结构刚度变化不会造成颤振。

不需要考虑对这些静载荷的动态影响,但应考虑驾驶员在出现事故后采取的纠正动作,诸如限制机动、避开湍流以及降低速度等情况。如果在结构破坏或部分破坏以后引起结构刚度或几何形状、或此两者有重大变化,则要进一步研究它们对损伤容限的影响。如结构损伤后,造成某些系统损坏,则需要对系统进行安全性分析。

3.10　结构持续适航文件编制

依据 CCAR25.1529 条款,飞机结构持续适航文件应该包括以下文件与手册:

(1) 结构维护说明书。

(2) 结构维修大纲(结构检查大纲 MPD)。

(3) 无损检测手册。

(4) 结构修理手册。

(5) 适航限制项目。

3.10.1　结构维护说明书

对于飞机的每一部分及其发动机、辅助动力装置、螺旋桨、附件、仪表和设备要制订出定期维护要求,如对上述各项的清洗、检查、调整、试验和润滑的荐用周期,并提供检查的程度、适用的磨损允差和在这些周期内推荐的工作内容。要考虑可能发生的故障、如何判别这些故障以及对这些故障采取何种补救措施和检查排故方法。

还要说明拆卸与更换产品和零件的顺序、方法以及应采取的必要的防范措施。还要包括其他通用的程序说明书,如系统地面运转试验、对称检查、称重和确定重心、顶起和支撑以及存放限制程序。

3.10.2　结构检查大纲

为了保证飞机的持续适航性,避免飞机在使用寿命中出现由于疲劳、腐蚀或意外损伤造成灾难性破坏,必须制订合理的检查要求,通过结构检查大纲及时有效地检测出损伤。结构检查大纲的主要目的是通过适当的检查方法,对飞机重要结构进行必要的维护和检查,及时检测出损伤,使飞机在整个设计服役目标期内,保持其安全性、可靠性和持续适航性。为了达到此目的,所有检查工作应满足对每一项意外损伤、环境恶化和疲劳损伤评定的检测要求,对在机队中所有适用的检查工作都加以说明。

3.10.3　无损检测手册

对于规定要做特种检查(包括射线和超声检验)的部位,需要编制进行特种检查的细节资料。而这些特种检查需要有手册规定其所需专用工具、检查方法、检查条件、检查结果的判别和判据。这些使用维护过程中的无损检测手册与生产中的无损检测工艺规范是不同的。

使用维护过程中的无损检测手册编制应从以下几个方面考虑:

(1) 提供各种无损检测方法,适用的范围和条件,如结构材料、结构细节形式、结构的开敞空间要求等。

(2) 提供各种检查方法所需使用的检查工具和使用方法,包括检查的条件如空间要求、光线要求。

(3) 通过研究和验证给出各种无损检测方法检测结果的判别与结论判据。

(4) 通过研究和验证给出各种无损检测方法的裂纹检出概率。

3.10.4　结构修理手册

结构修理手册是根据结构检查大纲所检测出的裂纹和损伤,以及是否需要修理,何时修理等信息,航空公司则根据修理手册中的方法对结构进行修理。修理一般可分为永久性修理、永久性修理辅助特定的检查、临时性修理。各种修理方法要经过分析和试验验证。

3.10.5　适航限制项目

结构适航限制项目的制订是疲劳与损伤容限评定的最终目的和结果,是结构安全性的保证,必须建立在损伤容限分析评定的基础之上。

为了制订合理的适航限制项目,必须根据结构失效后对飞机安全性造成的后果确定主要结构件(PSE),对每一个 PSE,必须根据分析制订其检查大纲。检查大纲规定了检查要求、检查方法和检查间隔,以保证高可靠性及时检测出损伤,使机队采取行动检测或防止机队中任何损伤。

3.11　疲劳与损伤容限试验

按照适航条例规定,耐久性与损伤容限分析和评定必须有必要的试验或使用经验的支持,飞机结构的疲劳与损伤容限试验可以分为工程研究试验、分析方法验证试验和适航符合性验证试验。

3.11.1　工程研究试验

通过试样、元件或典型模拟件、各种接头、开口及剖面突变处的典型结构、连接件和结构件(如加筋板、大型构件和锻件)等试验来实现,为结构的选材、结构选型和细节设计、工艺方案选择与研究、结构疲劳和损伤容限分析等提供必要的试验依据。该类试验的主要目的是研究结构选材的合理性、结构设计的合理性,选择结构设计总体和细节参数,结构工艺方法的可靠性,为结构的抗疲劳设计与损伤容限设计提供技术支持和试验依据。

3.11.2 分析方法验证试验

通过试样、元件或典型模拟件、连接件和结构件(如加筋板、大型构件)、各种接头、开口及剖面突变处的典型结构等试验,获得分析所需要的性能参数、验证分析方法。有如下几类的试验:

(1) 材料性能试验,根据材料和工艺的实际应用状态完善疲劳和损伤容限性能试验数据。

(2) 对新的设计特征、新的制造方法、新的评定方法和新的结构构型进行耐久性与损伤容限的试验验证,以验证分析方法的合理性,用试验证明并支持损伤容限分析方法。

(3) 用剩余强度试验来验证典型部位在能承受规定的载荷下最大损伤尺寸的确定方法。

(4) 进行重复载荷和使用环境下的裂纹扩展率测定,为损伤容限评定提供基础。

(5) 进行裂纹扩展试验,验证典型部位的开裂模式和裂纹扩展分析模型。

(6) 进行低载截除水平和高载截取水平的验证试验,为编制试验载荷谱提供依据。

这类试验虽然不是适航验证试验,却是适航当局关注的试验,在适航审查过程中需要提供这类试验的全套文件资料以支持相应审查内容的批准,必要时当局会选择目击这类试验,这些试验对损伤容限方法和手册的适航审查非常重要,将支持损伤容限分析与疲劳分析的适航审查。

3.11.3 适航符合性验证试验

对新机研制而言,全尺寸疲劳试验是必不可少的重要验证手段,验证在飞机的设计服役目标寿命期内不会产生广布疲劳损伤,同时也为使用寿命的分析评定提供试验依据。全尺寸疲劳试验还可探明设计时未预料到可能出现的早期疲劳损伤,进而制订出适当的设计改进和预防性检查维护措施。

适航条例对于按损伤容限设计的飞机结构,特别强调了要用足够充分的试验证明来排除产生广布疲劳损伤的可能。"足够的全尺寸试验证明"要求有大量的工程判断,一般来说,充分的全尺寸试验验证是指:2倍或2倍以上的设计服役目标的疲劳试验,随后进行特定的检查分析,确定是否发生广布疲劳损伤(Widespread Fatigue Damage,WFD)。

条例规定:"必须用充分的全尺寸疲劳试验依据来证明在飞机的设计使用目标

寿命期内不会产生广布疲劳损伤","在该试验完成之前,任何飞机的使用循环数(即起落数)不得超过在疲劳试验件上累积的循环数的一半。"对任何按安全寿命设计的部件,其全尺寸(构件或子构件)试验必须选取合适的分散系数,即

$$\text{安全寿命} = \frac{\text{试验循环数}}{\text{分散系数}}$$

式中,分散系数必须涵盖材料的分散性、试验件的代表性、载荷的真实性及试验数据的散布性等诸因素。

  这类试验要按照适航审查程序进行各阶段的审查,提交试验大纲、试验件的制造符合性检查、试验的监控及试验结果,同时要提供支持这些文件批准的相关技术资料。

4 民用飞机结构长寿命设计

4.1 长寿命结构设计目的、要求与准则

要使结构具有长寿命特性,关键在于结构的设计,这要求在总体方案设计之初就要开始精心布置和设计,用结构总体设计与细节设计共同来保证。初期的疲劳设计概念认为增加疲劳寿命是靠细节设计来实现,而民用飞机结构目前一定要按损伤容限来设计,这就需要从总体和细节两方面共同来考虑,用检查、使用、维护、修理的概念进行设计。

结构设计应包含所有使用方面的考虑,以便把腐蚀的敏感性降至最低,例如,材料的选择、采用适宜的防护层、有效的排水系统等。严重影响主结构承载能力的腐蚀是不可接受的,因此每个运营人必须采用良好的防护系统和有效的维护方式进行控制。对新型飞机结构而言,预期的腐蚀倾向区和推荐的控制方法的鉴别应包含在维护手册中。这些都是当今国际民用飞机公司设计的准则。国内的民用飞机结构设计需要给出完整的结构设计思路和设计要求,并给出具体的实施技术途径,本章将通过研究提供长寿命的结构设计技术。

在设计初期首先要制订结构设计准则,确定满足适航条例和客户要求工程化的设计原则与具体要求,以此作为民用飞机结构设计的依据。为了保证结构的长寿命设计并满足安全性要求,CCAR25.571规定,"对强度、细节设计和加工制造的评定必须表明,在整个使用寿命期内,飞机结构应当避免由于疲劳、腐蚀、制造缺陷或意外损伤而引起灾难性破坏"。

评定必须包括确定因疲劳、腐蚀或意外损伤引起的预期的损伤部位和型式,同时必须结合有试验依据和服役经验(如果有服役经验)支持的重复载荷和静力分析来进行。如果设计的结构有可能产生广布疲劳损伤,则必须对此做出特殊设计,用充分的全尺寸疲劳试验依据来证明在飞机的设计使用目标寿命期内不会产生广布疲劳损伤。这就要求,除经适航批准可按安全寿命设计的起落架结构以外,民用飞机的结构设计必须按照耐久性与损伤容限设计准则进行,飞机结构要设计成损伤容限结构。

4.1.1 设计目的

设计目的是使结构的耐久性和损伤容限满足适航条例和客户对飞机的使用要求。耐久性是指飞机结构在使用寿命期间具有在遇到的使用载荷作用下不致产生功能损伤或引起不经济维修问题的结构特性。损伤容限是指当飞机结构存在疲劳开裂、腐蚀或意外损伤时,在其被检测出来并予以修复之前结构仍能安全使用的能力。

结构耐久性设计的目的是赋予结构高的疲劳品质,使其具有高的抗疲劳、抗腐蚀(包括应力腐蚀)和抗意外损伤的能力,以保证飞机以低维修成本达到长的经济寿命。耐久性设计包括结构的抗疲劳设计、防腐蚀设计和维修性设计。

结构抗疲劳设计的目的是提高结构的疲劳品质,通过设计和分析等手段,改善结构的疲劳性能,提高结构的耐久性,实现长寿命和良好经济性要求,同时也为结构的高安全性、高可靠性提供重要的保障。其技术途径是通过选材、结构布置、细节设计和制造工艺等予以实现。良好的抗疲劳设计将使结构具有较高的安全裂纹萌生寿命,为提高结构耐久性,实现长寿命、高可靠性要求奠定基础。

结构防腐蚀设计的目的是提高结构抗腐蚀能力,减缓腐蚀损伤的发生与发展。其技术途径是选择防腐性能好的材料,在结构设计中减少可能发生的腐蚀源,采用性能好的防腐蚀涂层体系。良好的防腐蚀设计将使腐蚀对结构疲劳关键部位寿命(飞行次数)的影响减小到最低限度,并且为腐蚀失效关键部位实现腐蚀耐久性控制奠定基础。

结构的维修性设计是保证结构关键部位的可维修性,是实现耐久性设计的前提。结构维修性设计中必须把易于接近、便于经济修理作为一项重要的要求。

结构的损伤容限设计的目的是使结构受损伤的危险性降至最低,通过合理的材料选择、恰当的结构布局、精密的细节设计、有效的检查和维修,保证在损伤使结构强度降低至条例规定值之前,以相当高的概率及时检测出损伤并予以排除,使结构修复后回复到原有承载能力,保证飞机在设计使用目标寿命期内不会因疲劳、腐蚀、意外及离散源损伤导致飞机结构发生灾难性破坏,在设计使用目标寿命期内不会产生广布疲劳损伤,保证在预定服役寿命期间飞行的安全可靠性。飞机结构中的主要损伤源有疲劳损伤(包括腐蚀疲劳)(Fatigue Damage,FD)、环境损伤(腐蚀、应力腐蚀)(Environmental Damage,ED)、意外损伤(包括离散源损伤)(Accidental Damage,AD),结构损伤容限的评定要考虑这些主要损伤源。

4.1.2 设计要求及准则

疲劳设计的基本要求是结构的疲劳破坏以形成可检裂纹为判据,疲劳寿命定义为可检裂纹形成时所对应的飞行小时数或飞行起落数。结构在预期使用寿命内的可靠性水平用疲劳裕度表示。

损伤容限设计首先对飞机结构进行分类,先按结构安全控制分类,可以分为次要结构类和主要结构件(Principal Structural Element,PSE)。次要结构不影响飞行安全,结构维护仅取决于经济性;PSE类又分为损伤容限结构和安全寿命结构。

损伤容限结构要实施结构检查大纲,按计划检查来保证结构的完整性,检查大纲要反映裂纹扩展、检查方法及手段、损伤检出能力和剩余强度等特性,结构的安全性由检查大纲来保证。对于损伤容限结构,按其设计类型和检查级别又可分为单途径传力结构、多途径传力破损安全结构和破损安全止裂结构。安全寿命结构的安全性是以取得试验支持的疲劳设计为基础,因为该结构实际上不能实施或基本上不能实施裂纹检查。

损伤容限设计的基本要求是尽可能采用多途径传力结构和止裂件来控制裂纹扩展速率并提供足够的剩余强度;材料选择和应力水平控制都应保证能提供缓慢的裂纹扩展率和较高的剩余强度;元件布置或结构细节的设计应能保证任何关键结构件裂纹在强度下降到规定的剩余强度水平前能被检测出来,以便更换或修理带裂纹的结构件,采取必要的措施尽可能避免在同一时刻产生多条裂纹。

4.2　结构总体设计技术

为了实现这些设计要求,结构设计需要从以下几方面综合考虑:结构布置、结构选材、应力水平控制、结构细节设计、加工工艺(包括疲劳强化工艺、减缓裂纹扩展速率的工艺措施)、防腐蚀设计措施、可检性和可维修性设计。

4.2.1　结构总体布置设计技术研究

在结构总体布置时要充分考虑按耐久性与损伤容限来设计,合理地安排受力构件和传力路线,使载荷合理地分配与传递,减少或避免构件承受附加载荷,以利于机体结构应力水平的宏观控制。结构总体布置直接影响损伤容限结构的特性,设计时应充分考虑以下原则:

(1) 结构布置尽可能简单,尽可能参照类似机种或成熟的构型。

(2) 应综合考虑结构设计分离面、工艺分离面的选取以及蒙皮分块及骨架对接位置,尽可能将其置于较低应力区域,并减少接缝和接头的数量。

(3) 在结构布置时,应保证承受高载的部件或元件有较好的传力路线,尽量采用多路传力结构。

(4) 结构设计时应注意外形和刚度的协调,避免相关部位出现过大变形或附加载荷。

(5) 在主要结构上应把缺口或其他不连续处减少到最低程度,避免受载主要通道上出现硬点。

(6) 不要使连接到主要结构上的辅助结构件承受主要载荷。

(7) 在受剪板的中间区域避免出现硬点、设计时应避免主结构受剪板在限制载荷下发生屈曲。

(8) 结构应尽可能少开口、开小口,在薄蒙皮开口处和受振动载荷处应适当增加刚度,保证零件有合适的刚度,并对其变形进行估算。

（9）在横截面变化或载荷方向改变处避免受力偏心；避免出现附加载荷；避免在同一处出现复合的应力集中；尽量避免结构的局部不连续，使横截面积和应力水平缓慢变化。

（10）非主要受力连接应考虑采用柔性接头以减少次应力，用支撑结构加强件使非对称接头引起的次挠曲减至最小。

（11）机身和机翼的壁板设计，应考虑损伤容限要求的"双跨准则"。机身蒙皮与框连接采用止裂件设计，机翼壁板尽可能采用多路传载结构。

（12）加筋结构具有较高的结构效率。机身、机翼或尾翼结构的壁板通常为加筋壁板，在结构布置时需进行合理的参数配置，以发挥筋条对蒙皮裂纹扩展率的减缓甚至止裂作用。影响壁板承载能力的结构参数很多，如壁板跨度、筋条间距、筋条与蒙皮刚度比等，要考虑受压的稳定性以及颤振问题，要在众多约束条件下求得最佳方案。

（13）设计应使得所有主要结构便于接近和检查，对于易产生裂纹的重要构件，要尽量设计成可检结构，主要承力构件应尽量具有开敞的通路，以便日常维护、检查、修理或更换。

（14）对于较长、较大的零件应考虑防裂纹扩展措施。

4.2.2　结构选材

1）选材原则

材料选择要综合考虑其静强度、抗疲劳性能、抗腐蚀性能、裂纹扩展性能及材料加工后的性能，并用于恰当的结构部位。使用经适航批准的材料规范和材料加工工艺规范，研制和生产过程中要定期进行用于检查生产稳定性的试件疲劳试验，试验结果用于分析评定。对所有的 PSE 结构件的工艺过程要严格按设计和工艺文件执行。此外，结构的选材还应根据结构的功能、使用环境、受载特性、应力水平等因素进行优化选择，为提高结构的抗腐蚀能力，应选用对腐蚀敏感性低、抗腐蚀性能好的材料。

2）损伤容限选材指标

C——裂纹扩展率系数；

n——裂纹扩展率指数；

P——正比指数；

q——负比指数；

γ_{so}——超载截止比；

ΔK_{th}——裂纹扩展门槛值；

η——门槛值比指数；

R_{cut}——截止比；

K_{IC}——平面应变断裂韧度；

K_{C}——平面应力断裂韧度；

K_{SCC}——应力腐蚀开裂门槛值；

σ_{SCC}——应力门槛值；

da/dt——应力腐蚀裂纹扩展率。

3）影响裂纹扩展与断裂的主要因素

（1）不同的合金成分组成的合金具有不同的性能。

（2）同一牌号合金的不同热处理状态，其抗腐蚀性能、裂纹扩展性能和断裂特性均有较大不同。

（3）材料的成形方式与取向，对 K_C、K_{SCC} 有大的影响，对 da/dN 参数有重大影响。

（4）板材的厚度对 K_C 有重大影响，对 da/dN 参数有轻微影响。

（5）温度对高强钢 K_C 有重大影响，对钛、铝 K_C 有轻微影响。

（6）腐蚀介质对 K_{SCC} 有重大影响，对 da/dN 参数有重大影响。

（7）载荷波形及频率对环境下的 da/dN 参数有较大影响。

（8）载荷性质均采用拉伸载荷下 I 型裂纹的性能数据。

4）各种性能指标的综合协调与考虑

（1）静强度与损伤容限：正确处理 σ_y 与 K_{IC} 之间的关系，协调好强度和韧性的要求，对于损伤容限的关键件，宁可放宽一些静强度指标，而选择韧度高、裂纹扩展缓慢的材料。

（2）疲劳与损伤容限：两者在使用寿命上的要求是一致的，但前者关心裂纹的形成，后者关心裂纹的扩展，需要根据具体结构部位的结构类型、可检性来协调选择材料。

（3）环境的影响：对于受环境影响的腐蚀部位的结构，可选择良好的抗腐蚀性的材料，对于一些可能发生应力腐蚀的部位，要求采用 $K_{IC} \leqslant K_{ISCC}$ 的材料。

综合考虑疲劳、损伤容限以及腐蚀防护的设计要求，结构选材依据的原则如下：

（1）选材要有针对性。选材应首先考虑材料性能是否满足零部件的主要设计要求，如强度、刚度、环境条件、疲劳性能等；应结合工艺性和经济性进行综合考虑，合理选材；应特别注意高强度合金的抗应力腐蚀性能和选择合适的热处理状态。

（2）选用的材料要符合适航条例 CCAR25.603 的要求，按此要求进行符合性验证。

（3）应有良好的疲劳特性，即有足够的疲劳极限，曲线呈现出的各种应力水平下的疲劳寿命足够。

（4）对结构受拉部位的构件，尽可能选用韧性好、综合性能好的合金。对受较大拉力的结构元件，材料的纤维方向应该沿拉力方向。

（5）要有足够的抗断裂性能，不仅要关注材料的断裂韧性，还要关注在应力腐蚀条件下的断裂韧性。

（6）有恶劣表面环境工作要求的，零件应选用具有抗磨损和抗表面恶化的合金。

（7）尽量选择具有缓慢裂纹扩展和耐腐蚀及抗氧化性能好的合金。

　　（8）对于在恶劣的腐蚀环境下工作的重要结构,尽可能不采用对应力腐蚀和腐蚀疲劳敏感的金属或合金。

　　（9）铝合金结构件应选择对晶间腐蚀、剥蚀、缝隙腐蚀、点蚀、接触腐蚀、应力腐蚀和腐蚀疲劳不敏感的材料和热处理状态。

　　（10）钢件结构,尤其是低合金钢结构件应选用对点蚀、晶间腐蚀、氢脆、应力腐蚀和腐蚀疲劳不敏感的材料和热处理状态,并注意对加工过程中可能导致氢脆、镉脆和应力腐蚀的工艺如焊接、镀锌、镀镉、应力集中等不良影响的工艺过程的限制和采取对应的补救措施。

　　（11）钛合金的耐蚀性较好,但应注意钛合金的耐磨蚀性能较差,且在 225～400℃范围内可能出现热盐应力腐蚀,与镉银等金属接触侵蚀发生脆断的问题,以及与铝合金、结构钢等别的金属直接接触,会引起别的金属产生接触腐蚀的问题。

　　（12）含铬 13％以上的不锈钢具有较好的耐蚀性,一般不会发生局部腐蚀。但应注意奥氏体不锈钢经焊接或热处理后有晶间腐蚀倾向,马氏体不锈钢在海洋环境下具有应力腐蚀敏感性,不锈钢和铝合金直接接触,可能使不锈钢产生氢脆,使铝合金产生接触腐蚀等问题。

　　（13）组成同一结构的零件应尽量选用相同的材料,不可避免采用不同材料时,应选用腐蚀电位相近的材料,使接触材料相容或基本相容,否则必须采取有关防腐措施。

　　（14）对绝缘材料,应选用具有良好的电绝缘性（电阻值高）、不吸水、不吸潮的材料,并注意其化学成分及挥发气体不应对金属结构有危害影响。

4.2.3　主结构总体设计技术研究

　　主结构一般是指承受飞机总体载荷的结构,如机翼、机身、尾翼等。主承力构件的结构型式选取要考虑到细节设计的可能连接型式,以降低连接部位的应力集中、刚度突变和硬点的出现,还要考虑可检性和可维修性,而且是一种经济的维修性。

　　翼盒结构应具有良好的多传力途径及抗损伤能力。壁板应按双跨距准则设计,机翼下壁板沿弦向至少应划成三块,上壁板至少划成两块,以有效地切断裂纹的连续扩展,并使裂纹易于出现在外表面,便于检查和及时发现。

　　对于半硬壳式机身结构,应采用具有良好的外部可检的多途径传力结构,特别是长桁或框断开处的蒙皮裂纹要设计为可检。机身壁板应具有抗损伤能力,应按双跨距准则设计。若外蒙皮采用搭接连接,横向对缝连接应采用航前蒙皮搭在航后蒙皮上,纵向对缝连接应采用上蒙皮搭在下蒙皮上。

　　为了使后续的结构细节设计具有良好的抗疲劳性能和损伤容限能力,满足疲劳强度的要求,在主结构设计时要控制好应力水平。控制的办法可依据以下几方面考虑:

　　（1）选取适当的应力水平,在考虑满足静强度、刚度、疲劳及损伤容限要求的同时,各部件应分别选取最低允许的设计应力水平。

　　（2）对于主结构如机身、机翼、尾翼等的受拉壁板,主要以疲劳及损伤容限设计要求来选择合适的应力水平。在方案设计和初步设计阶段,进行结构参数布置和选择新机设计应力水平时,可以根据过去的经验或类似机种的经验选取,也可以通过研制性试验或结构试验确定。

（3）对于按损伤容限设计的结构局部部位,使用中出现的最大应力应控制在零组件所允许最大裂纹长度下的剩余强度要求以下。

（4）具体的应力控制水平根据设计服役目标寿命和细节的设计来选取,与该部位所选用的材料有关。在初步设计阶段按此要求进行筛选,并不断迭代调整应力水平,以得到较合理的结构参数。

（5）合理设计分离面及蒙皮分块的连接,保证应力水平较高者位于外层,使表面层先出现裂纹,便于可检。

各部件应力水平控制的具体数量级不是唯一确定的常数,也不是设计准则中规定的确定性数据,是通过不断的设计、分析,甚至是试验迭代而得的。结构的应力水平控制得是否合理与结构所选取的材料、结构细节设计(构件形式、连接件、工艺措施等)、飞机的设计服役目标有关,最终以结构各疲劳薄弱部位的疲劳强度是否满足要求为标准。

例如,尽管机翼壁板应力水平控制得比较低,但壁板与中央翼对接的细节设计不好,造成大的局部应力集中,同样可能不满足疲劳强度要求。因此强调这是一个迭代的设计过程,也是有别于静强度设计的优化过程,也就是说,在按照损伤容限设计的今天,飞机结构的设计要考虑静强度载荷与疲劳载荷的综合设计,只有在同时满足静强度与疲劳强度的情况下才能进行下一阶段的工作。结构的总体布局与布置是损伤容限结构设计的关键,如图4-1和图4-2所示。

机身壁板:连续的蒙皮与长桁;剪切角片连接的浮框加止裂带结构,实现破损安全止裂结构。

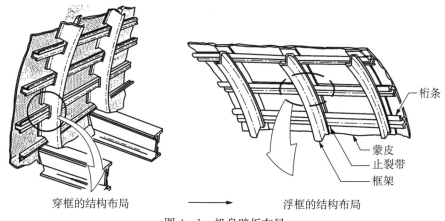

穿框的结构布局　　　　　　　　　　浮框的结构布局

桁条
蒙皮
止裂带
框架

图4-1　机身壁板布局

机翼壁板:连续的蒙皮与长桁;下壁板蒙皮分块,实现破损安全止裂结构。

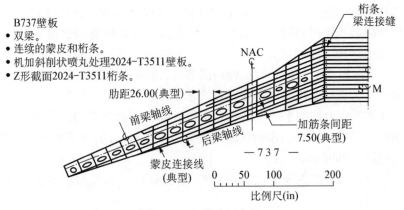

图 4-2 机翼壁板布局

4.2.4 损伤容限结构的设计

对于损伤容限的结构,可按设计类型和检查级别进行分类,并根据传力特点选择结构设计类型,以满足损伤容限的设计要求:

1) 单传力路径结构

不提倡但允许使用这种结构(见图 4-3)的前提是必须表明损伤在使用中明显可检,定量分析要提供足够的临界裂纹尺寸和保持较低的裂纹扩展率。

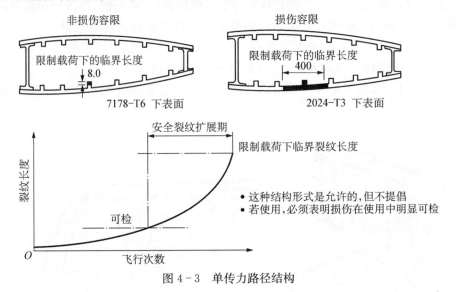

图 4-3 单传力路径结构

2) 多传力路径破损安全结构

采用一个或多个元件组成的分段设计和制造的结构来抑制局部损伤,并防止结构完全破坏。这类结构在主传力途径破坏后,其外载能够安全地分配到残存结构传递途径中,残存结构在后续检查以前,依靠其缓慢裂纹扩展来保证安全,在规定的使用寿命期内,不允许结构强度下降到规定的剩余强度载荷要求以下。

3) 破损安全止裂结构

结构设计中采用各种止裂措施,如蒙皮分段、桁条及止裂带等(见图4-4),因而这类结构在安全破坏之前,有可能使不稳定快速扩展裂纹停止在结构的某个连续区域内,并由残存结构的裂纹缓慢扩展和后续各次损伤检查来保证安全,在规定的使用寿命期内,不允许结构强度下降到规定的剩余强度载荷要求以下。

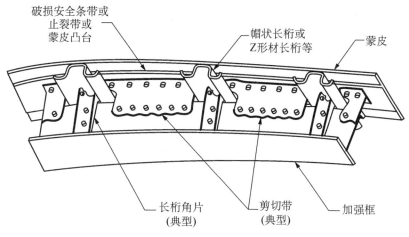

图4-4　破损安全止裂结构

对于多传力路径结构,可以按照损伤的检查级别再细分为:

(1) 多传力路径——传力路径破坏前可检。安全裂纹扩展期取决于主要元件可检裂纹加次要元件的扩展寿命,但应考虑到主要元件破坏前次要元件的扩展,如图4-5所示。有些结构连接如精心的考虑其细节设计,可大大提高它的可检性,如图4-6所示。

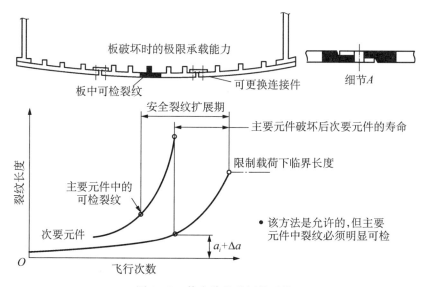

图4-5　传力路径破坏前可检

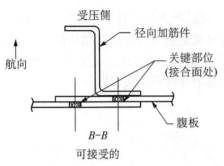
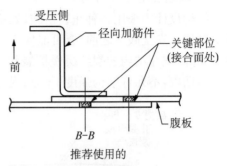

图 4-6 可检的细节设计

（2）多传力路径——主传力路径破坏前不可检。如果能够实现内部元件破坏后元件外部可检（见图 4-7），则这是最希望的。这表明不必进入机翼油箱内或拆卸机身内部元件即可进行检查。这对机翼、机身、水平及垂直安定面都是推荐的结构。对这类结构的安全裂纹扩展期只要求除以分散系数 2。

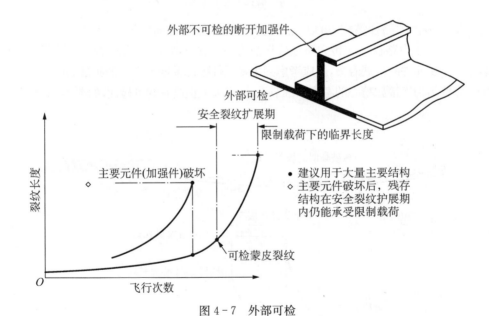

图 4-7 外部可检

有些元件不经过拆卸难以发现损伤，但主要元件完全破坏后很容易查出，如图 4-8 所示。安全裂纹扩展期主要取决于次要元件的裂纹扩展。在次要元件的初始损伤中应当考虑主要元件对它的影响。

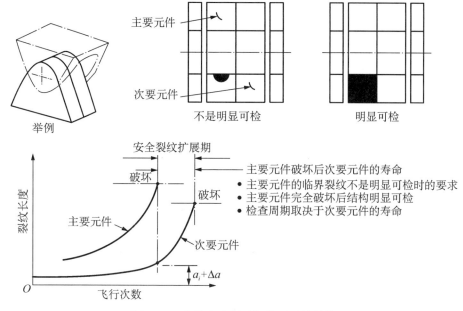

图 4-8　主传力途径破坏前不可检结构

4.3　结构细节设计技术

飞机的结构细节是指各主要结构件之间的连接设计、整体件的过渡区设计,这些部位设计的好坏直接影响局部的应力水平及应力集中。在使用中裂纹往往在结构不连续的局部细节处开始出现,这些裂纹在载荷/环境谱作用下逐渐扩展,经过一定循环后,当裂纹扩展超出临界值时,在剩余强度载荷下会导致结构件破坏。而结构细节处的结构形式、应力水平和尺寸对裂纹扩展速率有很大的影响。因此,应当把注意力放在精细构形设计、改善细节的应力分布、降低应力集中上,以提高结构自身的抗疲劳能力和改善损伤容限特性。

结构细节的合理设计是提高抗疲劳性能和损伤容限特性的关键,在设计时应注意以下各细节的设计要求。

4.3.1　使用先进的连接

(1) 合理选择紧固件的类型,不能混用,剪切刚度不能有较大差异,导致受理不均匀。

(2) 在静强度允许的情况下,铆钉排列尽可能采用平行排列的铆缝,不宜采用交错排列的铆缝。并避免过长的对接缝,以免传载不均匀,尽可能选择对称连接。

(3) 在剪切连接中尽量减小接缝的偏心,接缝最好安排在受力骨架上。

(4) 可采用斜削搭接件、增设辅助薄垫片、加长搭接范围以及在搭接的两端选用较小尺寸或相对较软的连接件来卸载。

(5) 紧固件的最小边距和紧固件的间距应满足疲劳品质要求,边距不小于 2 倍孔径,间距不小于 4 倍孔径。

（6）当紧固件承受较大拉力时,应使用螺栓连接而不用螺钉;要求承受剪力的充填孔紧固件,尽量使用铆钉而不用螺栓;尽量使用滚制螺纹。

（7）采用螺接的受力接头,其螺栓直径一般不小于 6 mm;避免使用螺桩和带螺纹孔连接。

（8）叠层厚度与紧固件直径要合理匹配。

（9）在所有承受内压的壁板上,将铆钉钉头放在非受压一侧。

（10）应选择适当的蒙皮和紧固件配置,埋头窝深度不应超过板厚的 2/3,以避免连接件锪窝埋头孔处产生刃口。

（11）轴销连接型紧固件的孔应安装衬套。

（12）在同一接头中避免混用不同的筋骨方式,例如铆钉与锁紧螺栓一起混用。

（13）恰当地处理连接件第一排孔紧固件高载荷造成的结构早期开裂问题。

（14）干涉配合连接能提高疲劳寿命,但干涉量必须控制在一个最佳范围内;给螺栓施加适当的预紧力,不仅可以提高受拉螺栓的疲劳强度,也可以提高搭接接头的寿命。

（15）设计中可考虑采用斜垫片,应尽量避免采用非结构性垫片。

图 4-9～图 4-12 所示为各种连接实例。

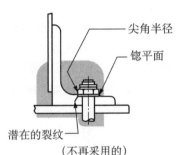

图 4-9　紧固件连接

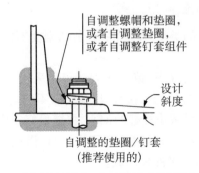

图 4-10　自调整垫圈/钉套的使用(可以用在斜面上)

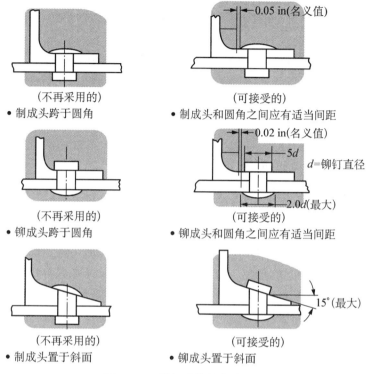

图 4 - 11　铆钉连接的各种形式

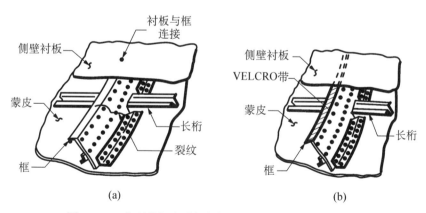

图 4 - 12　典型的机身壁板与框不同连接细节设计的比较

　　图 4 - 12(a)中的连接,由于为侧壁衬板连接所开的紧固件孔,在机身框内缘条中出现了疲劳裂纹。

　　图 4 - 12(b)中的连接,采用胶接在框内缘上的胶带将侧壁衬板在其中部连接在框内缘上,防止在机身框内缘条中出现疲劳裂纹。

4.3.2　降低应力集中的设计措施

（1）在结构应力水平高的部位要有足够大的园角和凸台半径，尽量把应力集中系数减小到 2 以下。

（2）在结构开槽出口处，退刀半径要足够大，槽的内角应制成圆角。

（3）工艺口和孔要置于非关键区域或零件以外的余料上，在有疲劳或损伤容限要求时，则将工艺孔堵住；避免空孔和堵塞不紧的孔，承受传递载荷的孔应给予更多的重视。

（4）受拉钣件的开孔应设计成长孔和浅槽，其取向与零件的载荷方向一致。

（5）结构应避免一切尖角、锐边并对孔边倒圆。

（6）台阶处要光滑过渡。

（7）增压结构设计部采用开缺口的框。

（8）应力集中部位必要时可采取局部补强措施，以降低工作应力水平。

（9）加大孔边局部部位的厚度；接头连接部分尽可能适当地加长。

（10）对于大型机加件，避免应力集中的叠加，避免在开孔旁再打小孔等。

（11）零件的设计尽可能具有对称性；尽可能避免弯折使承力对称。

（12）降低应力集中区域表面粗糙度。

图 4-13～图 4-19 所示为各种形状与连接形式引起的应力集中和对寿命的影响。

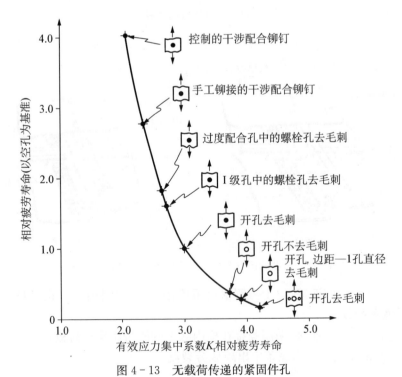

图 4-13　无载荷传递的紧固件孔

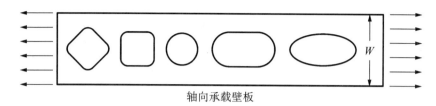

轴向承载壁板

图 4-14 腹板开口(轴向承载壁板)

图 4-14 中的 K_{tg} 为几何应力集中系数,它等于峰值弹性应力除以毛面积参考应力。其各种孔形状与尺寸的应力集中和寿命如图 4-15、图 4-16 所示。

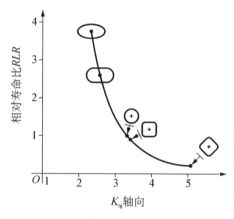

图 4-15 各种孔形状的相对寿命

轴向承载面板的 K_{tg} 　　19〉			
	K_{tg} 轴向		RLR
开口形状	无限板	有限板:$d/W=0.29, d=4$ $W=14, L=35,$ $t=0.20$	有限板　　R
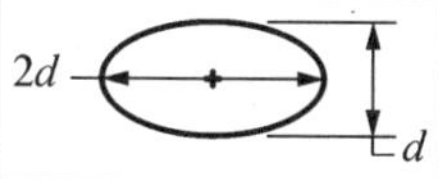 $2d$ ⬭ d	2.0 　8〉	2.4	3.7
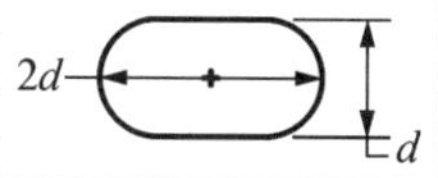 $2d$ ⬭ d	2.4 　10〉	2.6	2.6
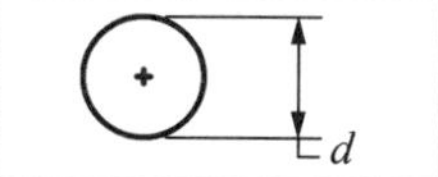 ◯ d	3.0 　6〉	3.3 　15〉	1.0
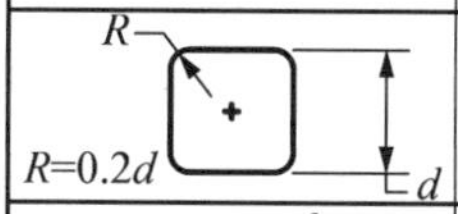 R ▢ d $R=0.2d$	3.2 　11〉	3.4 　16〉	0.9
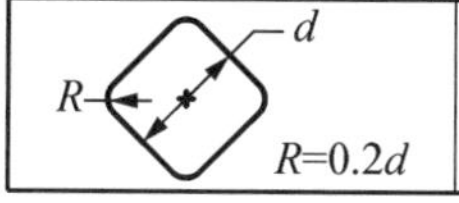 R ◇ d $R=0.2d$	4.6 　14〉	5.1	0.2

$$相对寿命比(RLR)=\frac{N\_New}{N\_Base}$$

图 4-16 孔形状与尺寸对应力集中和寿命的影响

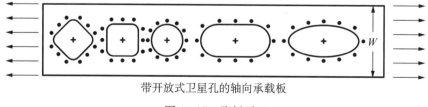

带开放式卫星孔的轴向承载板

图 4-17 腹板开口

图 4-17 所示是带开放式卫星孔的轴向承载壁板,其各种孔形状的应力集中和寿命如图 4-18、图 4-19 所示。

K_{tg}带开放式卫星孔的轴向承载板					19 ⟩
开口形状	开放卫星孔的边距				
	2D	3D	4D	5D	6D
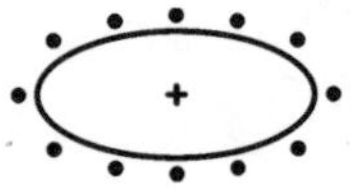 ⬭+	5.8	5.3	4.9	4.6	4.3
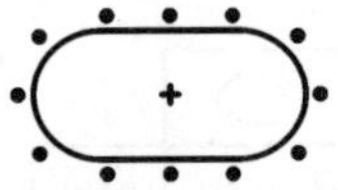 ⬭+	5.7	5.1	4.9	4.7	4.5
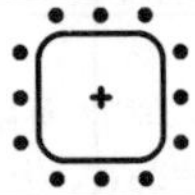 ▢+	5.6	5.2	4.9	4.6	4.3
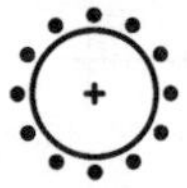 ◯+	6.1	5.2	4.5	4.3	4.2
 ◇+	6.9	5.4	5.1	5.1	5.1

图 4-18　各种开放式卫星孔的应力集中

相对寿命比	
开口形状	有限板在 4D
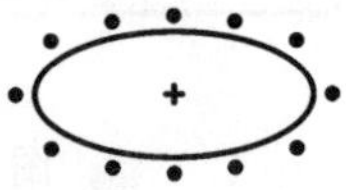 ⬭+	0.2
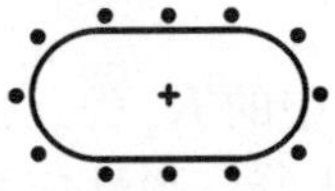 ⬭+	0.2
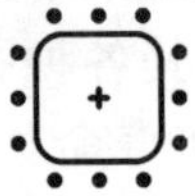 ▢+	0.2
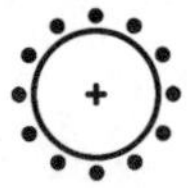 ◯+	0.3
 ◇+	0.2

图 4-19　各种开放式卫星孔的相对寿命

图 4-20～图 4-22 所示为典型的框与蒙皮的连接实例,表现出以下特点:

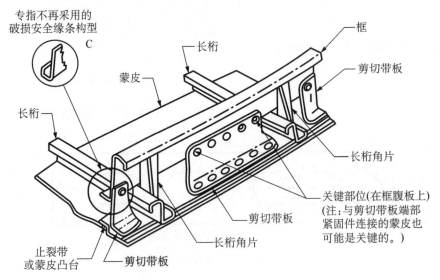

图 4-20　框腹板与蒙皮的连接

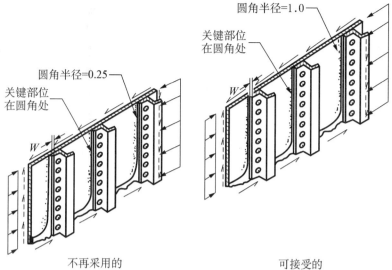

圆角半径=0.25

关键部位
在圆角处

圆角半径=1.0

关键部位
在圆角处

不再采用的

- 腹板屈曲引起圆角处开裂。
- 窄凸台宽度和小圆角半径导致在圆角半径处由于屈曲产生的面外弯曲引起的高应力。

可接受的

- 降低应力水平和应力集中，改善疲劳品质。
- 较宽的凸台通过"软化"压缩和剪切屈曲的影响，减少圆角半径处的应力水平。

图 4-21 降低应力集中的壁板连接

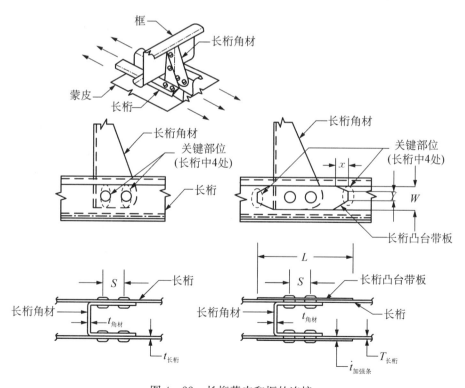

图 4-22 长桁蒙皮和框的连接

（1）分离的剪切带板在蒙皮搭接处提供了较好的连接，相比整体框剪切带板改善了蒙皮外形。

（2）分离的剪切带板能伸到长桁凸缘下面来局部支撑蒙皮，相比整体框剪切带板更易防止因受压和剪切载荷产生屈曲。

（3）消除了整体或连续剪切带板半径处的应力集中。

4.3.3 减缓裂纹扩展和止裂的设计措施

减缓裂纹扩展和止裂的设计措施可从以下几方面考虑：

（1）应合理选择材料和控制应力水平。

（2）应尽量采用破损安全多路传力结构。

（3）对某些重要结构如耳片接头等可设计成双重或多重相互独立部分组成的结构。

（4）结构设计中尽量增加一些止裂元件，如机身蒙皮框站位处的止裂带，如图 4 - 23 所示。

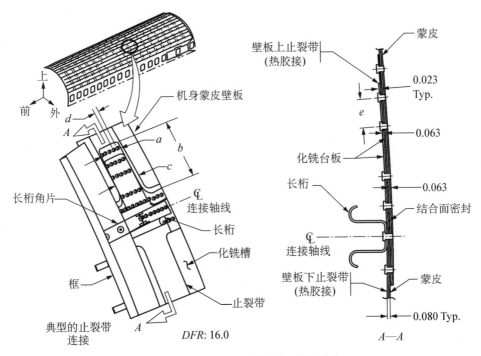

图 4 - 23　典型的止裂带连接（英制单位）

图 4 - 24 所示结构细节的连接具有以下特点：

（1）破损—安全缘条末端修整成能使载荷传递更合适。

（2）紧固件直径在破损—安全缘条末端要更大。

（3）4 个紧固件的搭接连接件为内缘条提供了足够的载荷传递。

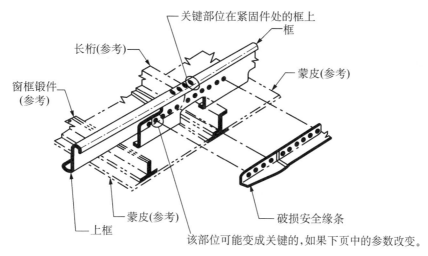

图 4 - 24　破损安全止裂结构

4.3.4　防止广布疲劳损伤的设计措施

（1）识别与确定广布疲劳损伤发生的部位。

（2）用试验证明在 2 倍寿命期内不会发生广布疲劳损伤。

（3）在细节设计上采取措施,如增大两相邻裂纹间的结构距离、采用止裂件制止广布疲劳损伤快速连接,增强其剩余强度能力。

4.3.5　结构细节疲劳评估方法的应用

为了使设计的结构细节更加合理,可以进行定量的设计分析评估。因为一旦结构细节设计参数确定,其固有的疲劳特性也随即确定了,该部位的疲劳寿命又与其工作应力水平密切相关,因此提高细节的抗疲劳性能、把握好结构细节固有疲劳特性与工作应力水平之间的匹配是设计的关键要素。

但如何在设计之初就可进行一定的定量分析来保证所设计的结构能满足疲劳与损伤容限要求呢? 由于在初步设计时载荷不确定、结构参数不完整,要进行详细的疲劳分析是不现实的。采用描述结构细节固有特性的疲劳细节额定值的许用值来评估其设计的合理性与可靠性,参考国外航空公司成熟的经验,通过试验和分析的方法确定细节疲劳许用值,以符合设计服役目标要求,按此许用值要求进行结构设计计算、确定细节设计参数与工艺要求。如控制许用值如下:

（1）机翼受拉结构:下翼面 DFR 许用不小于 124.2 MPa,上翼面 DFR 许用不小于 110.4 MPa;受剪结构: $DFR_s \geq 82.8$ MPa。

（2）机身受拉结构: DFR 许用不小于 69 MPa;受剪结构: $DFR_s \geq 41.4$ MPa。

同时根据应力水平的控制可以得到细节的工作应力,通过设计迭代满足设计要求。这些细节疲劳许用值的大小也随着材料选取的不同、设计服役目标的变化、所处的结构部位不同发生变化,因此试验和分析是必不可少的。

4.4　加工工艺选择与控制

4.4.1　强化技术的应用

加工工艺的选择要符合适航条例 CCAR25.605 的要求,直接影响飞机结构的抗疲劳性能和损伤容限特性,主要的疲劳强化工艺措施有:喷丸强化、孔冷挤压、干涉连接、表面光洁、孔边压印等。这些方法通称为强化技术或疲劳寿命增强技术,是在几乎不增加结构重量和截面尺寸的前提下,通过机械方法改变了结构细节表面的组织结构,引入残余应力技术达到提高结构疲劳寿命(包括裂纹形成寿命和裂纹扩展寿命)。

(1) 可用内孔冷挤压强化来提高承受交变载荷作用下的零件疲劳强度。

(2) 可用喷丸强化来提高在交变载荷以及在恒定载荷腐蚀环境中工作的各种金属零件的抗疲劳(腐蚀疲劳)和抗应力腐蚀的能力,但要避免产生不平衡的残余应力。

(3) 对不可拆卸连接,可用干涉配合,但要严格控制干涉量,以避免引起应力腐蚀。

(4) 光洁孔表面技术可使孔的抗疲劳性能稳定。

4.4.2　制造和装配的控制

(1) 在装配顺序和结构上应采取设计措施使装配时可调整结构的间隙,尽量使所需的垫片数量减至最少。

(2) 合理选择容差以便减小装配应力,且对产品装配、精加工和容差的要求在正常的生产过程中是稳定的。

(3) 对必须符合外形或站位面的整体机加零件,应尽可能地减少贴合面面积,并采用垫片以补偿制造中的偏差。

(4) 应避免采用厚垫片以防止连接件承剪时受弯造成传剪效率的降低。

(5) 在可能的条件下,应采用整体机加或化铣方法加工梁腹板、肋腹板及蒙皮上的所有加强部分。

(6) 应控制连接耳片的间隙,使用间隙衬套或轴肩螺栓来保证机构关节活动和减小耳片的装配应力。

(7) 在对不同材料的搭接接头钻孔时,要考虑到能够从材料硬度高的一边向硬度低的一边钻孔。

(8) 轧制铝板可适度预拉伸以提高疲劳强度。

(9) 锻件应合理设计剖面形状和选择分模面位置,避免纤维流线切断或不连续,有条件时尽可能采用精锻件,以减少或取消锻后切削加工。

(10) 具有光滑曲率的重要钣金件应尽量采用拉弯成形,避免采用滚弯和压弯工艺。

4.5　结构的防腐蚀设计

民用飞机结构的防腐蚀设计与腐蚀控制是一个系统工程,包括材料、密封剂、涂层的选用,结构设计技术的研究,生产制造及使用维护等方面,其中最为关键的是结构抗腐蚀设计,涉及适当的选材、材料热处理状态的确定、结构合理的构型设计、最大使用应力的限制、残余应力的消除和合理的涂层选择等内容。腐蚀是化学或电化学作用所引起的材料变质和损耗现象,会使飞机寿命急剧下降。设计和生产飞机时应该通过采用耐蚀材料、表面加工、耐蚀处理及耐蚀的结构布置等措施,使飞机有优良的耐恶劣自然环境和人为环境的能力。

4.5.1　一般原则

（1）机体结构零件应尽可能做到可达、可检、可修,以便在飞机经济使用寿命期内,对其腐蚀情况进行监控。

（2）合理选择防腐的材料及腐蚀防护体系,提高基本的抗腐蚀性能。

（3）对于不可达零件,应从设计技术、材料和防护体系方面精心选择,综合权衡结构（产品）的使用功能、使用环境、使用寿命和腐蚀控制费用等因素之间的关系,确保在经济使用寿命期内不会发生必须进行修理的腐蚀。

（4）对于能较方便地修理、更换的零、部件应从经济性出发,权衡防腐蚀费用与更换修理费用,采取合理有效措施,保证结构在修理间隔内或经济使用寿命期内及时更换或不会发生必须修理的腐蚀。

（5）提高结构的密封技术,采用防水密封技术,有效防止水气（含雨水、露水、冰雪溶化水、清洗飞机液体、潮气及盐雾等）进入飞机的内部结构,为此,必须通过对所有静止连接件用密封剂或胶黏剂进行湿装配来实现。

（6）对所有的零件都要根据其使用环境进行合理的表面防护,对易腐蚀区域应形成多层次的表面防护层处理和涂层防腐系统。

（7）必须对进入机体或所聚积的水分进行流向分析,给出流向图。据此建立完整的、合理的、通畅的排水系统,并应保证舱体内通风、排水。

4.5.2　防腐蚀结构设计

1）零件构型设计

零件的不同构型决定了其会不会积水,在满足强度及受约束形面的要求下尽可能设计成不易积水、便于排水的零件构型。

（1）避免选用闭剖面零件。采用闭剖面零件时,两端应可靠地封闭,并在封闭前进行内表面防腐处理。如不能封闭,应制成便于检查、排水、清洗的零件,切忌采用既不封闭又不敞开的零件。

（2）零件形状应便于表面防护。零件上尽量避免带有尖锐内角或圆角半径很小的内角、沟槽和台阶,因在这些部位不易形成保护层。

（3）零件表面外形应尽量平整,表面光滑致密,不易积聚灰尘、杂物和潮气等腐蚀介质,并便于表面涂(镀)覆保护。

（4）内部零件的形状应尽可能设计成平直的或上凸的,避免使用下凹形零件,以免污染物和腐蚀介质的集聚。如不可避免时,应在零件的适当位置处开排水孔,并应安排在便于检查、观察的地方。

（5）凡有可能采用整体件,如整体壁板、整体框段的部位,应尽可能设计成整体件,以减少连接对表面防护层的破坏和造成渗漏腐蚀介质的机会。

（6）焊接件的焊缝布置应开敞,便于施工及表面磨削加工,以确保焊缝质量,焊接件的焊缝应采用连续封闭焊缝,避免间断焊缝;焊接件的缝隙中不允许进入和存储水液或其他腐蚀介质,点焊件周边应采用堵焊封闭。

（7）铸件表面一般为多孔表面,在孔隙中易积聚潮气、灰尘和其他腐蚀杂物,为此应尽量选用精密铸造或压力铸造,以获得致密的表面,便于表面保护,提高抗腐蚀性能。

2）结构的密封设计

（1）蜂窝结构应使用无孔蜂窝芯,并采取防止水汽浸入和水液积聚的措施。

（2）在搭接接头外露处,使用密封剂或者堵缝物以防止水或其他液体进入。尤其飞机所有口盖、蒙皮对缝均应采用密封设计。外表面上所有托板螺钉、承力锁和快卸锁均应选用防水型,不需拆卸的紧固件尽可能选用干涉配合型,所有紧固件钉头均应密封。

（3）对多孔松软衬垫零件应有良好的密封措施。在使用毡层类多孔材料的衬垫时,应先使用密封剂封闭表面孔隙,防止使用中吸湿气或吸水,引起相接触零件的腐蚀。

（4）穿过机体的外露件装配部位应密封连接,如天线座等。

（5）为杜绝雨水及其他腐蚀介质渗漏入结构内部,在设计中应采用气象密封技术进行密封装配,如图 4-25 所示。

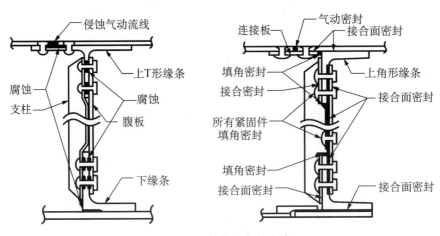

图 4-25 结构的密封设计

3）结构装配设计

结构装配完成后才能最终确立飞机固有的腐蚀特性,尤其是不同材料零件的接触、紧固件安装等需要重点关注。

（1）零件的配合面应形状简单、平直,便于良好贴合和密封,以免强迫装配。

（2）相互间不用紧固件连接的独立零件之间必须有足够的间隙,在考虑制造误差和受力变形后,零件间的间隙应不小于 4 mm,以免零件相互摩擦、碰撞,损坏零件表面的防护层。

（3）结构件装配中,一般不应锉修,以免破坏零件表面防护层。否则应在锉修部位补涂底漆或润滑脂后装配(铝合金零件锉修后必须先进行阿洛丁处理)。

（4）选用紧固件要注意与被连接材料电化学性相容。镀镉的紧固件不允许与钛合金相连接,镀镉和镀铝的紧固件不能与碳纤维复合材料相连。

（5）钛及钛合金零件在加工和装配过程中不能使用镀镉的工具夹、定位装置和型架。

（6）不同材料连接的结构,要按工艺规范要求进行异电位材料防护处理。

（7）衬套、轴承与壳体的配合应正确,以免微动腐蚀及产生不可接受的装配应力。

（8）铝合金结构中使用镀镉的凸头螺栓或螺母时,在螺栓头和螺母下面应加隔离垫片。受剪螺栓加铝合金垫片,受拉螺栓加镀锌钢垫片。

（9）结构中受力比较大,夹层厚度也比较厚(4 mm 以上)的地方,应尽量采用干涉铆接。

4.5.3 防应力腐蚀和腐蚀疲劳的措施

飞机结构件因腐蚀引起的破坏到处可见,分析其引起破坏的原因,多半不是单纯腐蚀引起的,而是在腐蚀介质和载荷的共同作用下,保护层容易破坏,最后导致飞机结构件的破坏。因此,飞机结构件的破坏多半为应力腐蚀和腐蚀疲劳破坏。

1）防应力腐蚀

应力腐蚀的关键部位和关键件包括主起落架缓冲支柱及支撑梁、机身—机翼对接区的对接接头、机翼大梁上下缘条等,应采取的措施是:

（1）控制承力零件的应力水平,使其最大工作应力控制在应力腐蚀安全区内。

（2）严格控制承力零件的表面残余应力,沿材料纤维方向的表面残余拉应力不应超过标准规定的最小屈服强度的 50%,长横向不应超过屈服强度的 35%,短横向不应超过屈服强度的 15%。

（3）锻压零件应规定材料的纤维方向与主要受力方向相一致,而且各个方向上的应力均应小于应力腐蚀断裂临界应力。

（4）模锻件应合理选择分模面。尽可能将分模面放在最后被加工掉的面上,并切忌在分模面上压入有过盈量的衬套、轴承等零件。

（5）锻、铸件上压衬套、轴承一类零件时，应避免使用滚花衬套，也不使用大过盈量的配合，最好选用间隙配合或过渡配合，然后用铆钉或螺钉制动防转，尽量不要使用冷缩装配。

（6）结构设计中必要的设计补偿可减少结构的应力腐蚀。

图 4-26 所示为薄壁 4330M 钢短管在承载区喷丸和镀铬，高拉伸载荷使镀层开裂，应力腐蚀开始于镀层中的裂纹。而改为 17-4PH 耐蚀钢厚壁短管，拉伸载荷降到与应力腐蚀门槛值相容的最高水平。

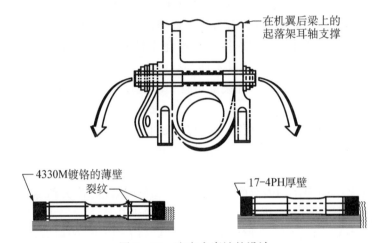

图 4-26 防应力腐蚀的设计

2）防腐蚀疲劳

腐蚀疲劳损伤既有疲劳损伤又有腐蚀损伤，但总的损伤并不是两者简单的叠加。如果结构防腐蚀措施有效、可靠，结构就基本上可以消除腐蚀介质的影响，那么结构的腐蚀疲劳损伤就和机械疲劳损伤无多大差别。可见防腐蚀疲劳的设计措施通常应从贯彻防腐蚀措施和采用抗机械疲劳措施两方面着手。

（1）避免应力集中，零件形状力求简单，尽量不设计成多支叉形的复杂零件，零件横截面形状应避免突变，形状变化区力求均匀过渡，过渡圆角不应小于 R3。

（2）零件的高应力区避免制孔，不允许制盲孔、攻制螺纹；避免连接其他传力构件，使高应力区不叠加其他应力。

（3）用螺接连接装配的两个零件表面必须平行，螺栓必须垂直安装，避免螺栓产生附加弯曲应力。

（4）高强度钢制件如在最后热处理后需进行磨削加工，应规定磨削加工后必须进行回火消除磨削应力。

（5）应避免强迫装配，在自然状态下零件间不贴合时应加垫片消除间隙，在紧固件中心处，垫片的最大厚度应小于紧固件直径的 25%。

（6）两个机械加工零件尽量避免使用套合装配，因加工公差而不可能完全贴合,在螺接时必将引起很大的内应力。如难以避免,必须在配合面间加经表面防护的垫片消除间隙来减小内应力。

(7) 叉耳接头应采用小间隙配合,连接螺栓无需拧得过紧,防止耳片根部产生弯曲应力。可采用间隙配合衬套来消除耳片根部应力。

(8) 机身蒙皮的搭接,应采用上搭下,前搭后的原则;蒙皮分块宜大不宜小。

(9) 蒙皮对接缝应采取气动密封措施,防止水气和其他腐蚀介质进入内部;蒙皮对接或搭接处的贴合表面应涂耐蚀底漆并进行接合面密封。

(10) 飞机工艺分离面上的蒙皮对缝区以及对接螺栓孔部位应进行密封。

(11) 尽量选用同种金属或电位差小的不同金属(包括镀层)相互连接。

4.5.4 排水系统及通风

结构设计时必须考虑安排排水系统。排水管和供水管的泄漏、货物内和货物上的液体、冷凝水、清洗残留液、溢出物等液体腐蚀介质都有可能集中在任何凹的、水平的或接近水平部位的表面,这就要求结构设计时,在任何情况下都应尽量避免采用此类表面,如结构中有此表面,则应有排水通道。内部结构通风是除水的另一重要措施,必须引起高度重视。

(1) 弄清废水在飞机机体进入及聚积的部位给出流向图,分析给出全机的排水流向图(见图 4-27),根据机体结构自身倾角,按照水从高处流向低处的特点,设置排水孔和排水装置。

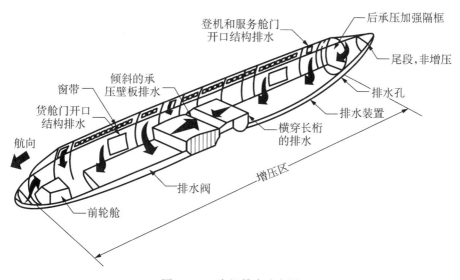

图 4-27 全机排水流向图

(2) 在排水通道的最低点应设置排水孔和排水装置,排水孔应根据结构耐久性设计要求规定其尺寸。

　　(3) 机体结构布置复杂的部位,如开口周围加强结构、机身下部中央翼承压壁板和龙骨梁部位要合理安排排水通道,不能有使废水无法排出的死角。

　　(4) 结构零件设计要合理,不能使废水留存而无法排除。

　　(5) 运用连接结构(活动部件、可卸部件)的留空间隙畅通废水的流通,少用填平腻子。

　　(6) 机身增压舱下部排水装置设置间距要合理,等直段设置间距不能太大,非等直段设置间距可大些。

　　(7) 机加零件设计中应避免出现易积水的死角区,以免因积水引起腐蚀,如果不可避免时,应在死角最低位置区域开排水孔及采用光滑圆角过渡。

　　(8) 排放口的安排应使排放液不能流入服务区或进到发动机罩上。

　　(9) 排向机外的排水孔和排水装置的位置和结构形式要考虑尽量减少对其邻近机体的污染;所有漏水坑和地板上的排放孔应有易于清洗的滤网。

　　(10) 所有排放导管应由重量轻的耐腐蚀材料制成。环境温度超过该材料许可的部位必须另外考虑。卫生间排放导管应由耐蚀钢或钛合金制造。

　　(11) 厨房、盥洗室积水坑和卫生间的污水如不允许向舱底排放,则要安置通向机外的排放口。排放管路应经得住座舱增压全压差而不损坏,机外排放口的布置应对机身冲击最少,并避免冲击进气道。

　　(12) 机翼燃油箱排水孔(和流油孔)应设在接近油箱端部和下壁板长桁上。这些孔应根据发动机流量要求和结构耐久性设计要求规定其尺寸。

　　(13) 进口门区应设计成在舱门打开时将水排放到机外,设计上要预防液体冻结而阻碍舱门的使用。

　　(14) 对已进入飞机的水分(如门、窗边沿渗漏水,厨房厕所溅落及渗漏水,结构内部冷凝水等)应予以控制并尽快从飞机中除去。机身客舱地板以下部位及机翼、平尾下表面,整流罩最低位置处及各种设备舱底部低凹处应提供适当大小的排泄通道以保证整个结构的有效排水。

　　(15) 对位于机身内部客舱地板及其以下易腐蚀区,需特别注意表面处理和涂层的防腐设计技术。

　　(16) 必须保证所有排水通道和舱体的通风。对因某些原因,排水孔不能开在实际最低点位置的结构,应设计密封剂堤埂或表面堆积物,用以阻止液体积聚。

　　(17) 整流罩、整流包皮和其他次结构的连接产生的缝隙和水分积聚部位,必须使用密封剂填充。

　　(18) 对于雨水、外部冲洗液等,结构应设计有排放措施。

　　(19) 可能存积液压油、燃油或凝聚物的区域应有排放措施;设置燃油导管的区域,对用于清洗可燃液体的冲洗剂应有排放措施。

　　图 4-28~图 4-30 所示为各处排水孔的设计及要求。

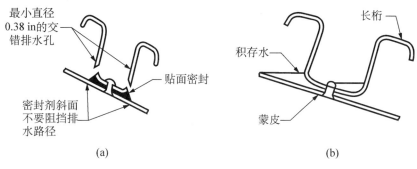

图 4-28 板弯长桁排水孔设计

(a) 无排水孔,不可接受;(b) 可接受

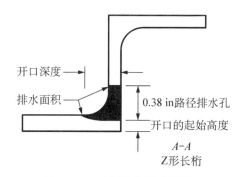

图 4-29 挤压长桁排水孔设计

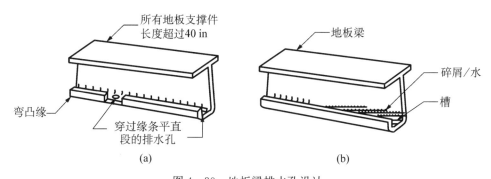

图 4-30 地板梁排水孔设计

(a) 可接受的;(b) 无排水孔,不可接受

4.5.5 结构件的表面防护

表面的防护是腐蚀控制最主要的内容之一,也是最主要的和最有效的防腐措施,其作用是将结构件与腐蚀介质隔离,消除结构材料腐蚀产生的条件,达到防腐蚀的目的。一般情况下,表面防护分为有机防护层和无机防护层,两者可以单独使用或组合使用。涂层应根据飞机结构的使用环境、结构材料的特性、热处理的状态、构件的加工工艺及连接方法、结构的形状和装配等要求进行选择,防护层应对零件的

机械性能没有不良的影响。有机涂层除此之外还应考虑防护性能、耐热性、盐雾及霉菌、同无机涂层的搭配问题。

（1）尽可能选择阳极性镀覆层。对于具有特殊性能要求的结构（如耐磨、导电、粘接等的零件），可选用具有相应特性的镀覆层；对低耐蚀性材料使用时必须具有防护层。

（2）防护层不应对基体材料带来不良影响（如降低材料的疲劳性能、使零件产生氢脆性、镀覆层产生残余应力等），并注意防护层与被防护零件材料之间的相容性或限制使用要求，尽可能防止产生接触腐蚀。

（3）选择涂层应根据使用目的、使用环境综合考虑涂层与基体的附着力、涂层的耐蚀性能、三防性能（防湿热、防盐雾、防霉菌）、耐大气老化性能、底层和面层的配套性及施工工艺性能等因素。

（4）根据零件材料的特性、热处理状态、使用条件和部位、结构形状和公差配合等因素，正确地选择防护层。

（5）凡需镀覆层的零件应避免尖角、凹槽、盲孔和平底压孔，并有足够的坡度以防止积水。

（6）注意镀镉或镀镉—钛层以及有机涂料的使用限制，镉及铝镀层不得做滑动面的耐磨面，镀铬表面不得用于温度超过 370℃（700°F）的部位。

（7）在同一零件的不同部位，如有镀覆不到的地方（如深孔、盲孔、凹槽处）应该采取其他防护措施，如涂漆或涂油等。

（8）所有的镀覆层只能在一定的温度范围内使用，超过允许的使用温度时，不仅影响其耐蚀、耐磨等性能，某些镀层（如镉镀层）甚至会导致基体金属开裂或脆断。

（9）螺纹连接、压合、搭接、铆接、点焊、局部钎焊等组合件，一般均应采用涂漆或镀覆后再组合。

（10）锻件、铸件、焊接件存在气孔、缝隙等缺陷，在镀（涂）覆处理时，可能影响镀（涂）层质量，其相应技术条件中的允许缺陷应尽可能少。

（11）有配合公差要求的零件需进行防护处理时，设计应考虑镀覆层厚度。

（12）电镀、化学镀、阳极化、化学氧化、磷化等，应在零件完成所有的机械加工、焊接、成型等工序之后进行。

（13）在进行铸造、锻造、热处理、机械加工、装配以及施加防护层的过程中，所有采用的工艺及加工过程不得损伤材料原有的耐蚀性能。

（14）与绝热、隔声材料相接触的零件，除了电镀层或阳极化膜层外，还应涂底漆保护。

（15）飞机在使用过程中应严格按照飞机的使用维护手册进行结构件的表面保护层的维修。

（16）缓蚀剂是腐蚀防护维修的最后措施，常用的缓蚀剂类型为两类，水置换型和重型，水置换型缓蚀剂的作用原理是将其喷到结构上后，溶剂挥发形成薄膜，将水分从看不见的易受腐蚀的地方置换出来,这种缓蚀剂应每隔几年就喷涂一次。重型缓蚀剂喷涂到飞机结构上表面形成保护厚膜,但其渗透性差,一般常用于飞机的厕所及厨房等腐蚀严重的部位。

4.6　结构的维修性设计

按照损伤容限设计的结构首先具有可达性,其次具有良好的可检性,再次具有可维修性。飞机的维修性设计包括:可达性要求、可检性要求、可测试性要求、标准化、通用性与互换性要求、防差错设计要求、人素工程要求、维修安全性要求、飞机结构维修要求以及其他相关要求等。

4.6.1　可达性设计

可达性是结构设计的一个重要组成内容。良好的可达性便于装配检查,使航空公司可经济地使用和维护结构,可达性是损伤容限设计的前提条件。

(1)对于不可达零件,应从设计技术、选材和防护系统的选用等方面综合权衡,保证在使用寿命期内不会发生必须修理的腐蚀。

(2)对于能较方便地修理、更换的零部件,应从经济性出发,权衡防腐的投资费用和更换、修理费用,采取合理措施,保证结构在修理间隔内或使用寿命期内不会发生必须修理的腐蚀。

(3)整体油箱的所有区域应是可达的,以便检查、维护和修理。

(4)操纵面内部机构和结构要求检查和维护的区域,应有良好的可达性,无需离位检查和修理,操纵面应能原位更换轴承。

(5)对于按损伤容限设计的结构,当被确定为是 SSI 项目时,应设计成可达的,若实在不可能,则应从设计技术上采取措施保证在使用寿命期内不会发生腐蚀损伤和疲劳损伤。

(6)结构应具有良好的可达性以易于准确地进行检查,要考虑这种检查早在装配阶段就可以开始,并直到最后一架飞机交付后还能长期继续进行检查。可采用的方法如 X 射线和超声波检查、着色渗透和目视技术等。

4.6.2　可检性设计

在可达性设计的基础上进行结构的可检性设计,需要从结构设计及检查手段两方面来保证,从而实现损伤容限结构的要求。

1)结构的设计原则与要求

(1)结构件的横剖面应设计为开剖面,便于检查手段的实现。

(2)结构上应设有铰接的并能锁住的维护口盖,以便对结构、系统及设备进行目视检查、修理或更换等工作,应按可保证完成维护任务的要求来确定口盖尺寸和数量。

(3)在多元件设计中,每个元件布置的方位应使得不论用目视还是用无损检查方法,裂纹都可满足最早可检性。

（4）设计人员应当考虑同时发生多次损伤的可能性，即一个相当小部件的断裂可能加速相邻类似部件裂纹生成并导致灾难性破坏。

（5）对于不可检区域，通过分析（或试验）必须表明在裂纹增长到可检区之前结构对于限制载荷是安全的；或者必须表明设计符合全寿命的安全要求。

（6）飞机结构设计应使结构主要受力件（如机翼大梁、大梁接头、平尾和垂尾大梁、机身连接接头、龙骨梁、机身与机翼对接接头、起落架接头、吊挂与发动机连接接头等）便于在外场进行目视检查和原位无损检查。

（7）机翼上、下表面应根据有关要求设置一定的维护口盖，以便检查燃油泵、阀门、整体油箱等，维护口盖密封性要好。

（8）非金属构件不应位于结构的封闭区内，以便于检查维护。

2）检查方法

检查方法也与可检性密切相关，检查方法的选择要考虑裂纹检出概率、经济性等因素，通常需要通过分析和试验来确定各部位最有效的检查方法。飞机结构常用的检查方法有以下几种：

（1）目视检查。目视检查是一种观察性工作，即确定一个项目是否履行其预定的目的，它不需要定量的容限，这是一种发现故障的检查方法。

（2）一般目视（监视）检查。对内部或外部区域、安装或组件进行的目视观察，以寻找明显的损伤、故障或不正常的迹象。这种检查可以在正常光线下进行，如日光、机库内灯光、照明灯，可能需拆掉或打开检查口盖或门等。

（3）详细检查。对特定的结构区域、系统、安装或组件进行仔细的目视观察，以寻找损伤、故障或不正常的迹象，检查者可借助正常的照明措施如镜子、手用放大镜等辅助工具。必要时，可以要求进行表面清洁处理和复杂的接近手段。

（4）特殊详细检查。对特定项目、安装或组件进行的仔细观察，以寻找损伤、故障或不正常的迹象，这种检查需使用特殊的检查技术和设备，并需要进行复杂的清洁，甚至分解工作。

目视检查是大多数民用飞机结构早期未知损伤初始检测的主要手段。另一方面，需要进一步发展无损检测方法。无损检测包括着色渗透、X射线、磁粉、超声波、低频涡流和高频涡流等各种方法。

4.6.3　可维修性设计

在检查的基础上能实现维护和修理才是真正的损伤容限设计，因此在结构布置和设计上要遵循以下设计原则与要求：

（1）设计中应考虑到利用一般库存工具和装备就可方便地对结构进行修理。

（2）活动部件、导轨、舱门铰链应耐磨，保证在其设计使用寿命期间不发生过度磨损而影响其功能。

（3）对磨损会导致不正常维护费用部位的机械接头应安装衬套，并规定出磨损极限。

（4）在每个装有衬套的孔周围,应有足够的材料余量,能用修理衬套来替换原衬套。

（5）可修零件应在设计、制造时留有适当的修理容差,不允许修理的零件应予以说明。

（6）尽量采用标准化、规格化、系列化的零件,并减少结构件的种类,便于修理。

（7）机体结构的连接形式应尽量简单而可靠,以减少分解、装配的复杂性。

（8）飞机结构材料选用应考虑容易修理、并能保证供应的航空材料,成型工艺的采用应充分考虑其可修理性。

（9）钣金装配件应有足够的刚度,尽可能实现在无型架条件下的修理和组装。

（10）机体结构应根据系统、附件的布置情况设置维护口盖,口盖应有防差错设计措施。

（11）合理设置工艺分离面,确保修理工作面开敞。

（12）在飞机总体布置可能的条件下,应给需要维修、拆装设备、机件的周围提供足够的空间,以便进行维修、拆装。

（13）飞机外蒙皮上所使用和维护的口盖都应有锁紧装置或紧固件,并能从外观上容易判断其是否处于紧固状态。

（14）维修通道口或舱口的设计以及开口的方向、位置要使操作者有一个比较合适的操作姿态和维修操作尽可能简单方便,开口尺寸应满足维修要求。

（15）维修舱门口盖尽可能采用快卸式,最好做到不用工具可徒手开启与关闭。

（16）系统、设备的重要检查部位、测试点、润滑部位、油液充填口等都应布置在便于接近的位置。维修时,一般应能看见内部的操作,还应留有适当的间隙以供观察。

（17）空气和液体过滤器、网格栅、滤网等应有方便的维护通路以便于拆卸、清洗、维护、更换,而且应有使液体泄漏减至最少的装置。

（18）对一般结构和复合材料结构,都应提供修理程序的资料。

（19）根据地面服务（如加注燃油、滑油、补充饮用水、盥洗间清洗、上下货物等）的需要来布置服务舱门的部位,尽可能使大部分服务工作同时展开。

4.6.4　飞机预定维修大纲的制订 MSG - 3

1）预定维修大纲编制目的

要依据 MSG - 3 制订飞机预定维修大纲,其工作任务和维修间隔由运营人、制造厂（型号的责任股份公司）和制造国家的管理当局的专家协商共同制订。制订飞机预定维修大纲的组织应由购买飞机的航空运营人、飞机和发动机的主要制造厂及管理当局的代表们组成。应由工业指导委员会（MRB）领导维修大纲的制订工作。

这个委员会由一定数量的运营人代表和飞机机体及发动机制造厂代表组成,其职责是:制订方法、编制预定维修检查间隔的初始目标值、指导各工作组的活动和其他活动、联络制造厂和其他运营人、准备最后的大纲建议书并代表运营人与管理当局接触。不论这项工作是否通过 MSG - 3 逻辑分析法得来的,工业指导委员会应设法利用 MSG - 3 方法确定"重要维修项目"和"重要结构项目"。

一个有效的航空器预定维修大纲的目的是保持航空器的固有安全性和可靠性水平,当航空器的技术状态发生恶化时,把安全性和可靠性恢复到固有水平、为固有可靠性差的项目实施设计改进并提供必要的信息、以最低的总费用(包括维修费用及由于故障所造成的费用)来达到上述目的。由此可见,预定维修大纲并不能改进航空器的固有安全性和可靠性水平,它只能防止固有水平的恶化。如果发现装备的固有水平不能满意,应修改设计以使其获得改进。

2) 预定维修大纲的主要内容

预定维修大纲的主要内容是在规定的间隔内完成的预定工作,目的是预防航空器的固有安全性和可靠性水平恶化。

结构的预订维修工作是与未被探测的结构损伤后果联系起来的,每个结构项目都要根据持续适航的重要性、对各种损伤的敏感性和检查损伤的难易程度来评定。一旦建立了这些准则,制订的预订结构维修大纲对飞机使用寿命内阻止或者检测由于疲劳、环境损伤、意外损伤造成的结构损伤是有效的。

适航限制中所包含的结构安全寿命件的强制更换时间,作为持续适航文件的一部分是管理当局要求的;与疲劳相关的那部分结构间检查要求也应包括在内,并且还包括根据使用单位的经验所制订的腐蚀防护与控制大纲(CPCP)。意外损伤(AD)、环境损伤(ED)和疲劳损伤(FD)的要求是 MRB 结构维修大纲的基础。确定重要的结构项目(SSI),在初始检查时间(检查门槛值)、重复检查间隔时对 SSI 按规定的任务进行 AD、ED、FD 的检查,并给出检查报告。结构预定维修大纲中所确定的 SSI 项目、检查门槛值、重复检查间隔、检查方法等都必须经过适航当局批准后生效。

(1) 意外损伤(AD)维护检查。引起意外损伤的主要因素有:鸟的撞击、风扇叶片的非包容性撞击、发动机的非包容性破坏、高能旋转机械的非包容性破坏、遭受雷击等。

遭受鸟撞引起的破坏部位可能会发生在风挡、机头、机翼前缘、襟翼、平尾前缘、垂尾前缘、短舱前缘。

遭受风扇叶片的非包容性撞击、发动机的非包容性破坏、高能旋转机械的非包容性破坏等引起的破坏部位可能会发生在发动机叶片散射区域的结构。处于雷击Ⅰ区的结构会受到雷击损伤。

一般情况下在遭受到意外损伤后,飞行员是可觉察到的。需要评定这些结构的损伤不影响飞机的正常操纵,且能够满足剩余强度的要求,使飞机安全飞回来,回场后应立即进行损伤修理。

(2) 环境损伤(ED)维护检查。环境损伤主要是腐蚀环境对飞机的安全使用威胁最大,民用飞机的腐蚀维护对提高飞机的使用寿命,降低飞机的运营成本都有重要意义。一般说来,飞机上所有部件都应是腐蚀怀疑部位,因此每一部位都必须按时检查,需要注意的典型部位和项目如下:内表面和搭接处;特别注意排水孔可能被外来物堵塞;接头和支撑件;飞机内部组件和结构设计上分段处(角片、加强腹板、"拱起"材料等)。未漆和已漆的外蒙皮区;外露的接头;表面涂层易受到磨损或损坏的接头和支架;地板梁和承压腹板;厨房、门入口、盥洗室和蓄电池舱周围;整流罩和整流罩下的表面;座椅滑轨;货舱地板下舱底;管路件、外露的管路 B 螺母和液压元件、管路识别标带和编织软管;充压空气导管内表面;吸潮材料;琴链式和其他类型铰链;整体油箱;操纵钢索等。为了有助于确保检测不发生遗漏,应包括以下项目:

(a)每日及飞行前的检测:检查发动机机舱在外部蒙皮上的缝隙、焊缝和搭接表面、舱底的所有部位、轮子及轮舱部位、电瓶舱、燃料箱出口及发动机前缘部位,包括所有的通风入口。

(b)深度检测:除了以上比较常见的容易接触到的常规故障部位检测外,还应打开螺钉连接壁板、检查口板及可卸下的蒙皮零件,有必要对其进行彻底的内部空间检测,同时还应包括去除有严重问题的内部防锈涂层,至少以检查一个部位为准。

在腐蚀环境损伤检查中,根据腐蚀检查门槛值、检查间隔与检查方法来进行,一般来讲,需要通过腐蚀环境的试验确定首次检查的门槛值以及后续检查的间隔周期,这些均以日历年限来表达。

(3)疲劳损伤(FD)维护检查。结构的疲劳损伤维护检查是通过损伤容限评定后得到的,所包含的结构部位为所确定的所有 PSE 项目。对这些项目进行损伤容限分析,通过全尺寸疲劳试验验证,给出各部位首次检查的门槛值以及后续检查的间隔周期,并给出相应的检查方法,这些均以飞行小时或飞行次数及日历年限来表达。

5　民用飞机结构载荷谱与环境谱制定

5.1　载荷谱编制要求与思路

5.1.1　载荷谱编制要求

载荷谱的编制要代表实际飞行中可能遇到的载荷与环境,与用户如何使用飞机有关,需要综合统计并考虑代表整个机队的使用情况。

载荷谱的编制包括典型任务剖面、循环次数、循环顺序及疲劳载荷的确定与计算。

5.1.2　载荷谱编制思路

(1)确定设计服役目标及最小设计服役目标。

(2)确定典型任务剖面及各任务段。

(3)分析确定典型使用环境。

(4)确定使用情况及计算疲劳载荷。

(5)编制疲劳分析谱。

(6)计算疲劳应力谱。

(7)进行疲劳分析。

(8)编制飞—续—飞谱,进行损伤容限分析。

(9)编制试验谱进行全尺寸疲劳试验。

载荷谱编谱流程的工作流程如图 5 - 1 所示。

5.2　飞机的使用及典型任务剖面确定

5.2.1　飞机的使用及典型任务剖面确定

要考虑飞机使用中预期的各种飞行类型,确定能覆盖飞机所有使用情况下相对意义上的短程、中程、远程,并包括训练飞行。典型任务剖面如图 5 - 2 所示。

5.2.2　最小设计服役目标(MDSO)准则

最小设计服役目标是在短程、中程或远程飞行中最严重情况下服役至少 20 年的使用期限。

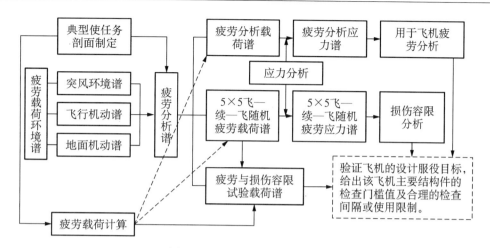

图 5-1　载荷谱编制工作流程

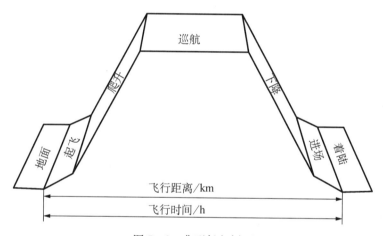

图 5-2　典型任务剖面

　　需要将主要构件设计成满足服役目标的结构：超过 95％的运营飞机,95％置信度下,在至少 20 年的短程、中程或者远程中最严重服役情况下,仍没有目视可检疲劳裂纹。另外主要结构件必须满足 95％可靠度和 95％置信度下仅仅需要较小的经济修理就能达到 30 的年服役目标。

5.2.3　飞行时间准则

　　各剖面的飞行时间根据飞行时间准则确定,每一种飞行的飞行时间(以小时计),由飞机从起飞至接地的飞行剖面确定。

　　1)中程飞行时间确定

　　中程飞行时间应是使用中最具有代表性的典型飞行剖面的飞行时间,新设计飞机的中程飞行时间应基于新机设计预期使用的主要市场来确定。即根据市场定位确定的航线作为预期的中程飞行。

2）远程飞行时间确定

远程飞行时间为最大续航时间的 75%，最大续航时间以最经济的使用为基础，此时旅客机携带 65% 的设计商载，货机携带 70% 的设计商载。

3）短程飞行时间确定

短程飞行时间是依据中程飞行时间，按照飞行时间准则得到：

短程飞行时间＝0.34＋0.46×（中程飞行时间）

5.2.4　任务段

每种典型飞行任务剖面由标准使用情况组成，包括任务段、使用情况、高度、速度、飞行距离、构形、发动机推力、总重和飞行时间等。

一般将每次飞行分解为以下 27 个任务段：卸载；操纵检查；牵引；打地转；地面转弯；刹车滑行；起飞滑行；起飞滑跑；抬前轮；离地；起落架收起；襟翼放下离场；襟翼收起；初期爬升；后期爬升；巡航；初期下降；后期下降；襟翼放下；襟翼放下进场；滚转机动；偏航机动；起落架放下；拉平；接地；着陆滑跑和发动机停车。

5.2.5　标准使用情况

对于每个任务段需要确定其标准的使用情况，即在每个任务段中，要确定载荷计算的飞行状态，各飞行参数的取值等。

其中我们定义以下状态的取值为：

余油：根据 ATA 国际条例对远程任务的规定。

推力：根据适当的高度、速度下发动机标准日性能曲线确定。

商载：旅客机为 65% 设计商载；货机为 70% 设计商载。

以上标准的使用情况如表 5-1 所示。

表 5-1　标准的使用情况

任务段	使用情况	高度	速度	襟翼位置	推力	总重
地面	（1）卸载	0	0	收起	0	使用空重＋余油
	（2）操纵检查					
	（3）牵引					
	（4）打地转				慢车	使用空重＋商载＋飞行任务用油＋余油
	（5）地面转弯					
	（6）刹车滑行					
	（7）起飞滑行		25 kn			
起飞	（8）起飞滑跑		0/0.5（抬前轮速度）			

(续表)

任务段	使用情况	高度	速度	襟翼位置	推力	总重
起飞	(9) 抬前轮		1.1(抬前轮速度)	起飞	最大起飞	情况8的总重减去燃油消耗
	(10) 离地					
	(11) 起落架收起		0.7(起落架最大操作速度)			
爬升	(12) 襟翼放下离场	3 000 m	0.9 倍襟翼标牌速度	起飞	最大连续	
	(13) 襟翼收起		由襟翼设定变化	过渡		
	(14) 初期爬升	9 000 m	气动推荐爬升速度			
	(15) 后期爬升	1/2 巡航				
巡航	(16) 巡航	巡航	气动推荐的巡航速度	收起	配平	
下降	(17) 初期下降	1/2 巡航	设计巡航速度		慢车	
	(18) 后期下降	9 000 m	250 kn①			
进场	(19) 襟翼放下		由襟翼设定变化	转换		使用空重＋商载＋余油
	(20) 襟翼放下进场		襟翼标牌速度		配平	
	(21) 滚转机动	3 000 m				
	(22) 偏航机动					
	(23) 起落架放下		0.7(起落架最大操作速度)	着陆/起飞		
着陆	(24) 拉平	0	失速速度		慢车	
	(25) 接地					
	(26) 着陆滑跑		0.7(失速)/0.7(失速)/50 kn/25 kn		最大反推力/慢车	
驾驶员训练	(27) 发动机停车	3 000 m	失速速度	起飞	最大起飞	最大设计重量，零商载

5.2.6 最小分析范围

主要结构部件必须考虑的最小载荷情况，与所设计的结构构型有关。对已确定的主要结构部件，其相邻支撑结构也应按这些受载情况计算。

---

① 1 kn＝1.852 km/s

表 5 - 2 所列是各部件需要考虑的载荷情况,可根据实际飞机使用情况增加,但至少要包括以下的情况,这是民用飞机典型的根据经验得到的。

表 5 - 2　各部件最小分析范围

阶段	使用情况	机翼翼盒	前缘结构	后缘结构	副翼	扰流板	短舱	前机身	后机身	水平安定面	升降舵	垂直安定面	方向舵	起落架
地面	(1) 卸载	√						√	√					√
	(2) 操纵检查		√	√	√	√				√	√	√	√	
	(3) 牵引							√						√
	(4) 打地转	√						√	√					√
	(5) 地面转弯	√						√	√					√
	(6) 刹车滑行							√						√
	(7) 起飞滑行	√					√	√	√	√				√
起飞	(8) 起飞滑跑	√					√	√	√					√
	(9) 抬前轮		√				√		√	√	√			√
	(10) 离地		√	√			√		√	√	√			√
	(11) 起落架收起													√
爬升	(12) 襟翼放下离场	√	√	√			√		√	√				
	(13) 襟翼收起		√	√										
	(14) 初期爬升	√					√		√	√			√	
	(15) 后期爬升	√					√		√	√			√	
巡航	(16) 巡航	√	√	√	√	√	√		√	√			√	
下降	(17) 初期下降	√		√			√		√	√			√	
	(18) 后期下降	√		√			√		√	√			√	
进场	(19) 襟翼放下		√	√										
	(20) 襟翼放下进场	√	√	√			√	√	√	√	√			
	(21) 滚转机动	√		√	√									
	(22) 偏航机动						√		√	√			√	√	
着陆	(23) 起落架放下													√
	(24) 拉平	√					√		√	√	√			
	(25) 接地	√			√				√	√	√			√
	(26) 着陆滑跑	√	√	√			√	√	√	√	√			√
训练	(27) 发动机停车				√		√		√			√	√	

5.3 使用情况与载荷说明

剖面中各飞行参数是综合考虑飞机的使用情况及飞机的性能而确定的。每种情况的使用载荷用四种标准载荷情况定义：载荷谱；离散载荷循环；静态载荷；多重静态载荷。每种情况的说明如表 5-3 所示。

表 5-3　使用情况的载荷说明

情况	情况编号	情况说明	载荷说明
（1）卸载	（1a）卸载	静态载荷：停机姿态，无旅客和货物	垂直过载系数 1.0
	（1b）维护牵引	谱分析载荷：维护牵引谱	飞机空重，垂直过载系数 1.0
（2）操纵检查	（2a）操纵检查	离散循环载荷：每次飞行各操纵面 2 次偏转到最大角度	气动载荷为零，可虑操纵系统的缓冲载荷
（3）牵引	（3a）转弯牵引	离散循环载荷：每次飞行前轮以 80% 最大许用偏角左转和右转的向后牵引各出现 1 次	停机姿态，推力为零，垂直过载系数 1.0
	（3b）直线牵引	离散循环载荷：每次飞行前轮偏转角为零的向前和向后牵引各出现 1 次	
（4）打地转	（4a）打地转	按地面转弯 0501 中具有最小转弯半径的载荷情况	
（5）地面转弯	（5a）地面转弯扭矩	离散循环载荷：地面转弯扭矩准则	停机姿态下转弯，垂直过载系数 1.0
	（5b）地面转弯侧向载荷	谱分析载荷：地面转弯侧向谱	
（6）刹车滑行	（6a）刹车滑行	离散循环载荷：每次飞行刹车滑行 1 次	停机姿态，推力为零，垂直过载系数 1.0。阻力反作用力为垂直载荷的 40%
（7）起飞滑行	（7a）起飞滑行	谱分析载荷：起飞滑行谱	停机姿态，推力为慢车，考虑动态响应
（8）起飞滑跑	（8a）发动机加力	静态载荷：每次飞行施加 1 次	开启刹车，发动机短舱及连接施加 100% 最大起飞推力。锁住刹车，其他飞机结构施加 50% 最大推力

（续表）

情况	情况编号	情况说明	载荷说明
（8）起飞滑跑	（8b）起飞滑跑	谱分析载荷：起飞滑跑谱	停机姿态，襟翼和推力应设置为最大起飞位置，考虑动态响应
（9）抬前轮	（9a）抬前轮	静态载荷：每次飞行施加1次抬前轮需要的平尾载荷	襟翼最大起飞位置，1.1倍抬前轮速度下的抬前轮需要的平尾载荷
（10）离地	（10a）飞机离地	静态载荷：每次飞行施加1次开始飞行引起的载荷，垂直过载系数1.0	襟翼最大起飞位置，起落架放下，1.1倍抬前轮速度计算载荷
	（10b）起落架离地	离散循环载荷：模拟每次飞行一个不对称循环起落架接地的影响，在起落架不反弹质量上10g的负过载	襟翼最大起飞位置，1.1倍抬前轮速度计算载荷，考虑动态响应
（11）起落架收起	（11a）起落架收起	多重静态载荷：每次飞行起落架收起1次	按0.7倍起落架设计操作速度计算载荷
（12）襟翼放下离场	（12a）襟翼放下离场机动	谱分析载荷：襟翼放下离场机动谱	0.9倍襟翼标牌速度下，襟翼放在最大起飞位置做平衡对称机动
（13）襟翼收起	（13a）襟翼收起	多重静态载荷：每次飞行前缘缝翼与后缘襟翼1次收起	最大操作载荷收起操作
（14）初期爬升	（14a）初期爬升	谱分析载荷：突风谱	高度9 000 m，爬升速度由气动推荐确定载荷。考虑垂直和侧向突风、动态响应、机身增压
（15）后期爬升	（15a）后期爬升	谱分析载荷：突风谱	1/2巡航高度，爬升速度由气动推荐确定载荷。考虑垂直和侧向突风、动态响应、机身增压
（16）巡航	（16a）巡航突风	谱分析载荷：突风谱	巡航速度由气动推荐确定载荷。考虑垂直和侧向突风、动态响应、机身增压
	（16b）巡航机动	谱分析载荷：襟翼收起巡航机动谱	巡航速度由气动推荐确定载荷。考虑爬升和下降下的平衡机动、机身增压

(续表)

情况	情况编号	情况说明	载荷说明
(17) 初期下降	(17a) 初 期 下 降突风	谱分析载荷：突风谱	1/2 巡航高度，下降速度为巡航速度或巡航马赫数确定载荷。考虑垂直和侧向突风、动态响应、机身增压
	(17b) 初 期 下 降减速	离散循环载荷：每次飞行打开 1 次减速板	1/2 巡航高度，下降速度为巡航速度或巡航马赫数确定载荷。考虑垂直和侧向突风、动态响应、机身增压。减速板打开到卸压活门压力的最大可用铰链力矩位置
(18) 后期下降	(18a) 后 期 下 降突风	谱分析载荷：突风谱	高度 9 000 m，下降速度由气动推荐或 250 kn 确定载荷。考虑垂直和侧向突风、动态响应、机身增压
(19) 襟翼放下	(19a) 襟翼放下	多重静态载荷：每次飞行前缘缝翼与后缘襟翼 1 次放下	最大操作载荷收起操作
(20) 襟翼放下进场	(20a) 襟翼放下进场机动	谱分析载荷：襟翼放下进场机动谱	襟翼最大着陆位置、襟翼标牌速度下，做平衡机动
(21) 滚转机动	(21a) 滚转机动	离散循环载荷：每次飞行使用 25% 驾驶盘最大可用行程，左～右滚转 40 次	在 1s 或更短时间内，驾驶盘偏转到规定偏角时开始滚转，并使用最大可达到的稳态滚转速率
(22) 偏航机动	(22a) 偏航机动	离散循环载荷：每次飞行使用方向舵在每个方向上偏角为 20% 最大可用行程，左～右偏航 15 次	在侧滑角为零的初始偏航情况下，对方向舵及其支撑结构进行检查。在初始偏航以及稳定侧滑情况下，对垂直安定面和全部飞机结构进行检查
(23) 起落架放下	(23a) 起落架放下	多重静态载荷：每次飞行起落架放下 1 次	按 0.7 倍起落架设计操作速度计算载荷
(24) 拉平	(24a) 拉平	静态载荷：过载系数为 1.1 的对称平衡机动	襟翼着陆位置，失速速度
(25) 接地	(25a) 主起撞击＋起转回弹	离散循环载荷：每次飞行主起撞击 1 次，起转和回弹载荷 2 次	撞击前过载系数 1.0，襟翼着陆位置，失速速度，下沉速度 0.9 m/s，考虑动态响应

（续表）

情况	情况编号	情况说明	载荷说明
（25）接地	（25b）偏航着陆	离散循环载荷：每次飞行向左和向右偏航着陆各1次	偏航着陆载荷由侧向载荷为30％的最大垂直载荷，与平均垂直载荷为100％的最大垂直载荷组成
	（25c）自动着陆扰流板	离散循环载荷：模拟每次飞行±0.3g垂直过载，打开自动着陆扰流板2次	自动着陆扰流板打开，考虑动态响应
	（25d）前起撞击＋起转回弹	离散循环载荷：每次飞行前起撞击1次，起转和回弹载荷2次	地面扰流板完全打开，前起落架俯仰角速度为3°/s。撞击前过载系数1.0，襟翼着陆位置，失速速度，下沉速度0.9m/s，考虑动态响应
（26）着陆滑跑	（26a）着陆滑跑抖振	谱分析载荷：着陆滑跑抖振谱	对于后机身和尾翼结构，由于着陆滑跑时抖振引起的每次飞行最大载荷循环
	（26b）反推力滑跑	谱分析载荷：施加反推力的着陆滑跑谱	飞机停机姿态，地面扰流板完全打开，0.7倍失速速度，襟翼着陆位置，不打开机轮制动，施加最大反推力，考虑动态响应
	（26c）慢车着陆滑跑	谱分析载荷：慢车下的着陆滑跑谱	飞机停机姿态，推力慢车，襟翼着陆位置，考虑动态响应
	（26d）着陆滑行	谱分析载荷：着陆滑行谱	飞机停机姿态，推力慢车，襟翼收起，滑行速度25kn，考虑动态响应
（27）发动机停车	（27a）发动机停车	离散循环载荷：每个寿命期1000个循环，从临界左发动机零推力到右发动机零推力	通过操纵副翼和方向舵使飞机处于零侧滑角的静态平衡。最大起飞推力，襟翼最大起飞位置，失速速度

5.4　疲劳载荷环境

典型的疲劳载荷环境谱选取国际公认的 NASA 报告。飞机重心过载谱通常用累积的过载系数增量的发生频率来表示，这些数据由类似飞机所记录的飞行历程获得，用来表示滑行、机动、突风和着陆撞击。

5.4.1 维护牵引谱

图 5-3 所示为地面维护牵引谱的编制。

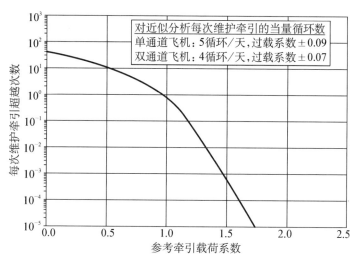

图 5-3 维护牵引谱

5.4.2 地面转弯扭矩谱

图 5-4 所示为地面转弯扭转谱。

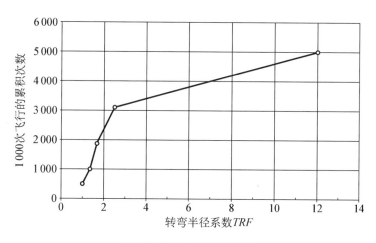

图 5-4 地面转弯扭转谱

5.4.3 地面转弯侧向载荷谱

图 5-5 所示为地面转弯侧向载荷谱。

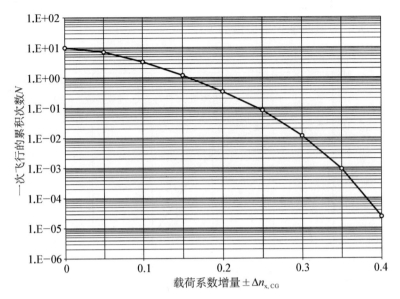

图 5 - 5　地面转弯侧向载荷谱

5.4.4　地面滑行谱

图 5 - 6 给出了地面滑行谱。

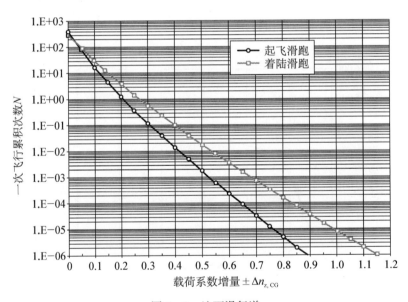

图 5 - 6　地面滑行谱

5.4.5　飞行机动谱

图 5 - 7 所示为飞行机动谱。

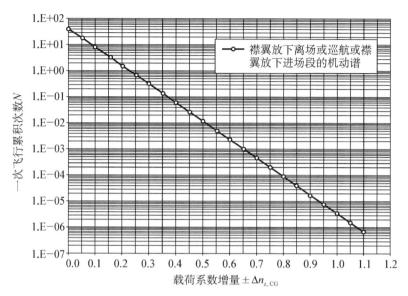

图 5-7　飞行机动谱

5.4.6　突风谱

图 5-8 所示为突风谱。

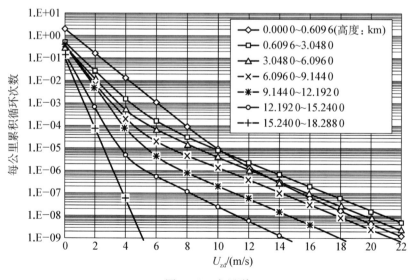

图 5-8　突风谱

5.4.7　着陆滑跑抖振谱

图 5-9 所示为着陆滑跑抖振谱。

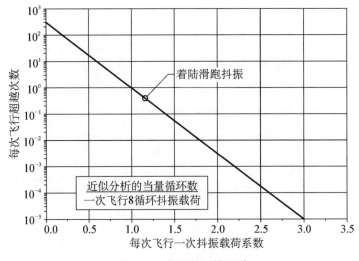

图 5-9   着陆滑跑抖振谱

5.4.8 座舱压差

图 5-10 所示为座舱压差曲线。

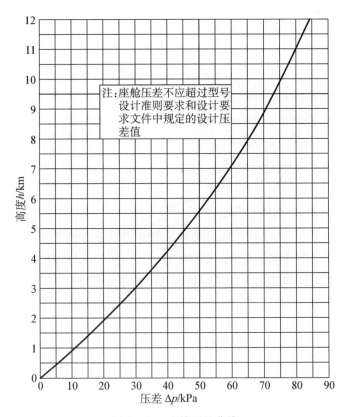

图 5-10   座舱压差曲线

5.5　谱分析载荷谱

根据使用情况、载荷说明和重心过载谱，就可以编制谱分析的载荷谱，由于载荷的顺序效应，裂纹扩展计算需要采用谱分析载荷谱来计算。当采用程序计算疲劳和裂纹扩展时，通常采用谱分析载荷谱进行计算。

5.6　当量载荷谱

设计初期要对结构进行全面的疲劳检查，为了简化检查步骤，并且使人工计算存在可能性，常采用代表与一种使用情况相应的载荷谱的当量载荷来完成。当量载荷情况的大小应选择代表每次飞行发生一次的载荷，这对于确定地空地循环是必须的。当量载荷情况的循环数为谱的总损伤和每飞行一次的损伤比。

5.6.1　折算当量突风谱

图 5－11 所示为折算当量突风谱。

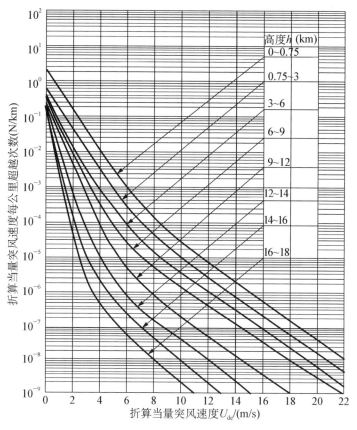

图 5－11　折算当量突风谱

5.6.2 离散当量突风谱

图 5-12 所示为离散当量突风谱。

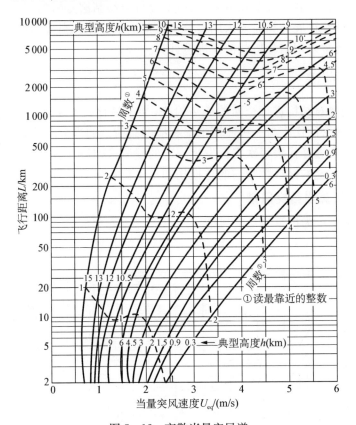

图 5-12 离散当量突风谱

5.6.3 重心过载当量谱

图 5-13 所示为重心过载当量谱。

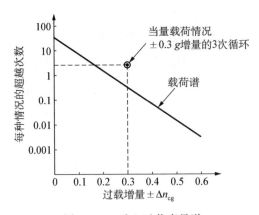

图 5-13 重心过载当量谱

5.7　飞—续—飞谱

为了满足 CCAR25.571 要求,对于裂纹扩展分析和全尺寸疲劳试验,必须用飞—续—飞谱,即按一次飞行接一次飞行编谱。

5.7.1　编谱方案

"TWIST"方法已被欧、美、俄等航空发达地区和国家的航空界所公认。"TWIST"编谱法的先进性主要体现在它能使编谱对损伤模型假设的依赖性降至最低而给出更接近于真实的疲劳载荷谱和更有代表性的试验结果。

采用 TWIST 方法编制 5×5 谱,即选取 5 种飞行类型,每次飞行包括 5 级载荷水平按随机变化编谱,以尽量模拟真实使用情况,如图 5-14 所示。

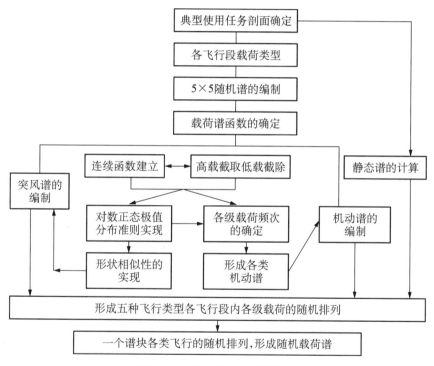

图 5-14　飞—续—飞编谱流程

5.7.2　载荷谱的分块

编制飞—续—飞载荷谱可以 1/10 设计服役目标所对应的载荷谱为一个谱块,整个寿命期的疲劳载荷谱由该块谱重复 10 次来模拟。

5.7.3　飞—续—飞疲劳载荷谱的构成

飞—续—飞谱由三类载荷谱构成:静态载荷谱,等幅循环载荷谱和 5×5 随机谱。

载荷使用情况见 5.3 节,疲劳载荷环境见 5.4 节。

5×5 随机谱包括突风谱、飞行机动谱和地面机动谱三部分。

5.7.4　高载截取的载荷水平

截取极高水平以上的载荷,以降低或消除其对裂纹扩展的有利影响。对于金属结构具有高载迟滞效应,一般高载截取水平应为 1/10 寿命出现一次的载荷。即以设计服役目标寿命期内其超越次数为 10 次的载荷作为高载截取的载荷水平。

5.7.5　低载截除的载荷水平

省略非损伤载荷以下的载荷。低载截除水平的选取要考虑安全性和经济性两方面。全尺寸试验时经济性较为重要,分析时应力变程的截除应使裂纹扩展寿命最小。

TWIST 编谱方法一般选择能代表全机严重疲劳特性的机翼应力水平最高的细节部位,对该细节部位进行低载截除限试验,根据试验结果分析确定低载删除的载荷水平。

5.7.6　飞行类型的定义

根据飞行载荷强弱的不同,定义 5 种不同的飞行类型,分别为 A, B, C, D, E 五类。各类飞行分成 5 级离散载荷,并给出对应超越次数。

5.7.7　载荷次序的生成

生成的五类飞行类型的载荷谱,随机排列,按随机形成的各飞行类型的顺序排列就可形成代表五种飞行类型(A, B, C, D, E 类)一个飞行谱块中的顺序随机排列,即得到了一个谱块的载荷谱。同时在一个谱块中施加 100 次发动机停车载荷,一个目标寿命需重复施加此谱块 10 次。

5.8　部件应力谱

对全机各部件进行疲劳载荷下的应力分析,有限元分析模型最终都要经过试验的验证,即经过验证和修改过的模型,得到各部件及各部位的疲劳应力。用应力转换方程对重心处过载谱进行转换,编制每个 SSI 和 PSE 的疲劳应力谱。在疲劳和裂纹扩展分析时还需要建立细节分析模型,得到各细节部位的应力谱。

转换方程按飞行剖面的每一段给出,根据结构部位所在位置,需要考虑相应的动态放大系数。谱的简化必须考虑对裂纹扩展有贡献的所有循环,并且注意应力变程的截取,因为低应力水平在裂纹起始段是非损伤性的,而在裂纹扩展段很有损伤性。

5.9　使用环境与环境谱

适航条例要求考虑"服役中预期的典型载荷谱、温度和湿度",应该认为是指考

虑影响裂纹扩展寿命、剩余强度的任何环境。这些环境对损伤容限的评定是有影响的:

(1) 使用中低温能大大降低开裂结构的剩余强度,尤其是铝合金系列。

(2) 铝合金的裂纹扩展寿命会随温度增加而降低。

(3) 裂纹扩展速率通常随湿度增加而增加,空气中的盐分,特别是对在大洋上的薄雾、浓雾中起落的飞机也会增大其裂纹扩展速率。

(4) 受升温影响的元件如发动机附近元件在当温度高于室温时,其材料的裂纹扩展速率常常快速增长。

(5) 在腐蚀环境中生成 da/dN 数据时,腐蚀会对裂纹扩展起加速作用。

环境谱的编制与飞机的使用情况密切相关,过去在军机方面进行了一些研究,而民用飞机与军用飞机最明显的差别就是军用飞机在机场停放的时间长,几乎全寿命的 98% 都是停放,而民用飞机则只有不到 2/3 的时间停放,这样飞机所处的环境大不一样(见表5-4)。

表5-4　军民机环境比较

序号	民 用 飞 机	军 用 飞 机
1	运输类飞机任务剖面	以机动、作战为主的任务剖面
2	空中与地面环境都要考虑	以地面环境为主,可忽略空中环境
3	地面环境是以各航空公司所在地机场为主,所开辟航线到达机场为辅的机场环境	地面环境就是部队的机场环境
4	将全国按区域划分为5个,各代表典型的地面环境	采用基地机场地面环境
5	局部环境重点还要考虑厨房、厕所部位	没有

充分考虑民用飞机使用特点,确定民用飞机典型任务剖面,根据飞机年使用率和任务剖面中空中与地面所占时间,得到地面环境与空中环境所占比例。对于地面环境谱,可将全国按5个区域划分,采用各区域的大气环境数据,确定某一区域民用飞机地面环境谱。

目前在缺乏这5个区域的大气环境数据的情况下,可参考军用飞机机场有关的大气环境数据来确定地面环境谱。同时结合民用飞机结构特点,确定易受腐蚀影响的结构区域及部位,分析得到局部环境的构成,参考军用飞机局部环境谱当量关系折算方法,结合民用飞机结构特点,给出民用飞机局部环境谱当量关系折算方法,得到了典型结构关键部位局部环境谱。

在得到空中环境谱、地面环境谱、局部环境谱的基础上,根据民用飞机使用环境特点,建立适用于民用飞机结构疲劳关键件(部位)的加速试验环境谱与空中环境谱组成,给出民用飞机结构当量环境谱到加速试验谱折算方法,得到民用飞机当量加速试验环境谱。

5.10　载荷谱

5.10.1　疲劳分析载荷谱

进行疲劳分析时,结构必须能够满足各典型使用任务剖面的设计服役目标要求。对于每个飞行类型,要考虑在每个重量、速度、高度下所占用时间的分布,根据飞机的性能计算真实的飞行剖面。每个飞行类型的飞行剖面反映了起飞、爬升、巡航、下降、着陆等各个飞行段。针对所涉及的结构件具体考虑有影响的载荷状态,一般而言,低空飞行对机翼下翼面的裂纹扩展寿命特别严重,而座舱压力循环对机身纵向裂纹是最重要的载荷条件。

结构的疲劳检查常采用当量载荷谱,疲劳分析可以用当量载荷谱或谱分析载荷谱。当量载荷谱和谱分析载荷谱根据确定的典型任务剖面计算得到,有短程、中程、远程。全机各部件需要按照典型任务剖面得到的载荷谱进行疲劳分析。

5.10.2　损伤容限分析载荷谱

损伤容限评定可取中程飞行任务剖面进行,或通过任务组合确定,也可通过分析确定一种典型任务剖面,其损伤要能保守地代表飞机不论以哪种飞行剖面使用的损伤,以此剖面进行损伤容限分析与疲劳试验。

损伤容限分析包括裂纹扩展分析和剩余强度分析两部分,裂纹扩展分析使用代表飞机典型使用的任务剖面,编制 5×5 飞—续—飞谱,用于损伤容限分析。

裂纹扩展分析使用 TWIST 编谱方法编制的 5×5 载荷谱,剩余强度载荷按照 CCAR25.571(§25.571)及 AC25.571-1C 的规定分为两部分,即分别在§25.571(b)损伤容限评定和§25.571(e)损伤容限(离散源)评定中所规定的剩余强度载荷。

5.10.3　疲劳/损伤容限疲劳试验载荷谱

按照 CCAR25.571 条款要求,需要进行疲劳与损伤容限试验,试验载荷谱一般是选择典型任务剖面的飞—续—飞载荷谱。因此也采用 TWIST 编谱方法,编制 5×5 的试验载荷谱,一般与损伤容限分析谱相一致,可进行必要的、可行的、符合等损伤要求的载荷谱简化方法。

6 民用飞机结构疲劳强度分析

6.1 民用飞机结构疲劳分析概述

为了使疲劳分析工作从预发展阶段就能贯穿于结构设计的全过程中,并在设计中能快速判断疲劳强度是否满足要求,本节介绍一种工程化的疲劳分析方法——细节疲劳额定值方法。该方法根据民用飞机结构的主要谱载是地—空—地载荷循环,其当量地—空—地循环数大致在 10^5 量级、结构细节设计参数及工艺特点、结构大多数细节的应力特征等特点,描述了结构细节疲劳质量的特征参量细节疲劳额定值(DFR),使疲劳分析可以采用特征量化的方法进行,便于工程的使用。

6.1.1 方法

细节疲劳额定值(DFR)是结构细节本身固有的疲劳性能特征值,一种对构件质量和耐重复载荷能力的度量,它与使用载荷无关。DFR 是指结构件在应力比 R 等于 0.06 的等幅载荷下,结构细节寿命具有 95% 置信度,95% 可靠度,循环寿命 $N=10^5$ 时能承受的最大应力(单位:MPa)。DFR 方法一般是由对应置信度 95%、可靠度 95% 的基本可靠性寿命 $N_{95/95}$ 获得结构细节的 DFR,再由标准 S-N 曲线获得结构细节的最大许用应力 $[\sigma_{max}]$。疲劳裕度 $[\sigma_{max}]/\sigma_{max}-1$ 大于 0,说明结构设计满足疲劳强度要求;若小于 0,则不满足要求。

6.1.2 定义

(1) DFR 的许用值是以使用和试验数据为基础的。

(2) DFR_0 是基本的 DFR 许用值,是具有数百个相似细节结构件允许使用的最小 DFR 值。是基本细节如开孔、铆钉或螺栓充填孔,或其他相似的应力集中部位。

(3) DFR_{base} 是 DFR_0 的基准值,是规定的典型结构对应的最基本的 DFR 值。DFR_{base} 与各种修正系数相结合来分析确定一个结构件的 DFR_0 许用值。

(4) DFR_{cutoff} 是结构细节最大的 DFR 许用值,适用于不存在局部应力集中的结构,是基本结构的设计限制,依赖材料本身和工艺参数。通常 DFR_{cutoff} 相当于应力集中系数小于 1.5 的缺口试件的疲劳性能。

(5) 修正系数。某些参数对细节疲劳额定值 DFR 有重要影响,为此定义了一些修正系数,用于修正在选定的基准情况下求出的 DFR_{base} 值,基准情况下的各种修正系数均为 1.0。

结构件许用值被限制在 DFR_{cutoff} 和 DFR_0 之间。

6.2　结构细节 DFR 许用值确定

6.2.1　DFR 确定方法

一般环境下 DFR 许用值的确定方法有两种:一是由试验和经验数据确定;二是由分析计算方法获得。对于复杂结构,应由试验确定。

(1) 根据试验数据获得 DFR 的方法如下:

(a) 通过试验获得结构细节的疲劳寿命数据,并假设疲劳寿命服从双参数 Weibull 分布,计算得到其特征寿命 β。

(b) 计算基本可靠性寿命 $N_{95/95}$:

$$N_{95/95} = \frac{\beta}{S_T S_C S_R}$$

式中:S_T 为试件系数;S_C 为置信系数;S_R 为可靠性系数,分别根据试件类型及试验情况确定。

(c) 根据试验应力情况和基本可靠性寿命,由标准 $S\text{-}N$ 曲线确定结构细节的 DFR。

(2) 根据分析计算获得 DFR 的方法如下:

(a) 根据被分析细节的情况,确定各种系数,包括孔填充系数 A、合金表面处理系数 B、埋头深度系数 C、材料叠层系数 D、螺栓夹紧系数 E、凸台有效系数 U、粗糙度系数 F 等,并确定结构的 DFR 基准值 DFR_{base},DFR_{base} 是 DFR_0 的基准值,是最基本的 DFR 值。

(b) 确定具有大量相似细节的结构件的最小允许使用的 DFR 值 DFR_0,它是由 DFR_{base} 和各种修正系数相结合来分析确定的。

$$DFR_0 = DFR_{base} \cdot A \cdot B \cdot C \cdot D \cdot E \cdot U \cdot F$$

(c) 确定结构件中相似的关键细节数和有关部位的材料,继而确定疲劳额定系数 R_c。

(d) 确定结构件的 DFR。

$$DFR = DFR_0 \cdot R_c$$

6.2.2　DFR_cutoff 截止值

不同的材料在不同的工艺状态下通过试验得到其 DFR_{cutoff} 截止值。

铝合金要考虑不同的热处理状态的板材,区分薄板与厚板以及各种厚度分类、包铝板与不包铝板、挤压件、机加件、棒材、管材、各种锻件、铸件等,考虑喷丸与不喷丸工艺。

钢要考虑所有制品,锻、铸件、棒材等,考虑喷丸与不喷丸工艺,各种熔炼形式,如焊接、铸造、真空与空气等。

钛合金要考虑所有制品,薄板、铸件、超塑成形薄板等,考虑喷丸与不喷丸工艺,各种熔炼形式,如焊接、铸造、真空、超塑成形工艺等。

6.2.3　DFR_{base}基准值

DFR_{base}基准值的确定与结构细节有直接关系,对于典型疲劳细节需要通过细节疲劳试验确定各种细节的DFR_{base}基准值。

(1)受拉结构无紧固件的细节。这些细节需要考虑开孔、材料缺口或圆角、化铣台阶、螺栓螺纹等。

(a)开孔基于应力集中系数为3.1,开孔的工艺要考虑钻孔、铰孔、有无倒角、孔喷丸、孔冷作、衬套冷作等。

(b)材料缺口考虑不同的应力集中系数。

(c)化铣台阶考虑不同的化铣台阶厚度的影响。

(d)螺栓螺纹需要考虑螺纹的各种制作方法及状态,如螺纹牙形、螺纹退刀槽、表面粗糙度、螺纹成形工艺、喷丸、电镀等。

(2)受拉结构紧固件的细节,包括无载荷传递的紧固件结构细节、有载荷传递的紧固件细节。

(a)无载荷传递的结构细节如图6-1所示。

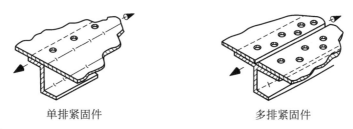

单排紧固件　　　　　　　　　　多排紧固件

图6-1　无载荷传递的结构细节

(b)传载的结构细节需要考虑如图6-2~图6-8所示的典型结构细节。

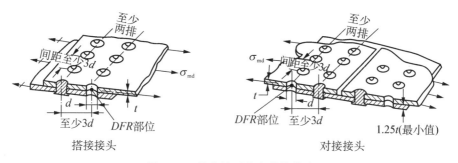

搭接接头　　　　　　　　　　对接接头

图6-2　传载的不稳定单剪接头

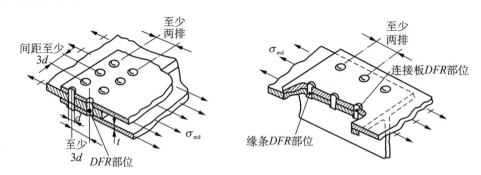

图 6-3　传载的双剪接头(被插入件)和稳定单剪接头

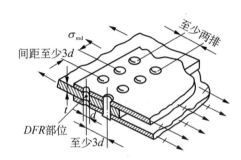

图 6-4　传载的双剪接头(插入件)

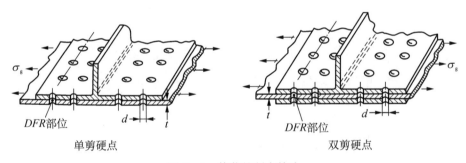

单剪硬点　　　　　　　　　双剪硬点

图 6-5　传载的硬点接头

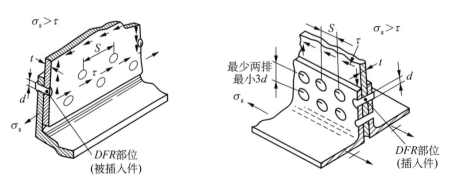

图 6-6　传载的腹板与缘条连接及展向连接

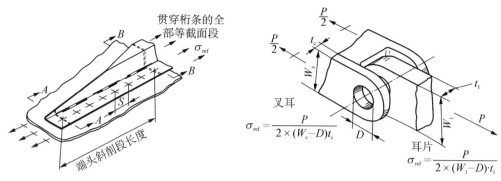

图 6-7　传载的桁条端头斜削段　　　　　图 6-8　传载的受拉耳片

（3）受剪结构。典型的受剪结构细节如腹板与缘条单剪连接、腹板与缘条双剪连接（插入件）、屈曲腹板连接、受剪腹板上的开孔。如图 6-9 所示。

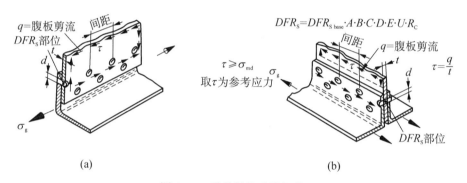

(a)　　　　　　　　　　　　　　　　(b)

图 6-9　受剪结构连接细节

6.2.4　修正系数

（1）孔填充系数 A：考虑各种连接材料、各种类型钉头、各种钉孔配合、孔的各种工艺方法、紧固件类型（液密和非液密铆钉、盲铆钉、螺栓等）。

（2）合金表面处理系数 B：考虑各种连接材料、板材、棒材、锻件、表面处理状态（机加、喷丸、有无密封、表面粗糙度等）。

（3）埋头深度系数 C：考虑各种紧固件不同直径及不同的埋头深度。

（4）材料叠层系数 D：考虑名义上是低载荷传递结构中孔充填的弱化及二次载荷传递对疲劳性能的影响。叠层包括所有的连续结构元件，不包括局部接头以及非结构元件。

（5）螺栓夹紧系数 E：适用于各种合金，根据不同的拧紧力矩在剪切、拉伸等状态下得到不同挤压应力与参考应力比值下的 E 值。

（6）凸台有效系数 U：对于机加的有凸台的连接接头，考虑不同的台阶匹配，单剪和双剪传力，得到 U 值。

（7）粗糙度系数 F：考虑各种材料、板材、棒材、锻件、铸件等，在不同的工艺方法如机加、喷丸、化铣状态下得到 F 值。

6.2.5　特殊 *DFR* 系数 R_c

含有相似关键细节数少的结构比关键细节多的结构表现得更可靠，从而导致前者疲劳额定值更高，而后者的额定值更低。用特殊 *DFR* 系数 R_c 给出不同材料在不同相似关键细节数的影响。

6.2.6　双向受载情况的许用值

对于双向受载的接头，考虑 σ_x、σ_y 或 τ 之间的比例关系，通过试验确定双向受载的修正系数 φ，则 *DFR* 双向＝*DFR*×φ。如图 6-10 所示。

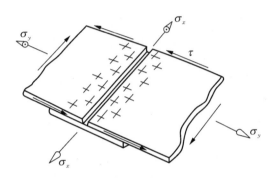

图 6-10　双向受载连接细节

注：紧固件传递来自 τ 和 σ_y 的全部载荷，为了双向修正，τ 总取正值。

6.2.7　超差处理的应用

在实际生产过程中经常会碰到各种各样的超差，而这些超差都会对结构的疲劳特性有影响。如孔边距、间距、端距超差，通过试验分别确定了边距系数、间距系数、端距系数，则

$$DFR(超差) = DFR_{base} \cdot A \cdot B \cdot C \cdot D \cdot E \cdot U \cdot F \cdot \{边距、$$
$$间距、端距系数中最小者\} \cdot R_c(超差)$$

6.3　结构可靠性系数的选择

疲劳可靠性系数（*FRF*）是针对疲劳设计目标要求所引入的一个系数，它在结构疲劳检查中作为目标寿命的一个放大系数。

确定结构的疲劳可靠性系数应该综合考虑飞机结构效率和成本。既不要过于保守而使结构重量明显增加，也不要对影响可靠性的重要因素考虑不足而导致安全性可靠性下降或维护费用增加。

结构疲劳的可靠性系数与结构的设计概念（损伤容限或安全寿命）、结构形式、材料等因素有关，如表 6-1 所示。

表 6 - 1 结构疲劳的可靠性系数

设计概念	结构形式	最小疲劳可靠性系数
损伤容限	易于接近并易于修理	1.0
	不易于接近或不易于修理	1.5
	特殊部位	2.0
安全寿命	起落架结构	2.0
	受地面载荷的铝结构	2.6
	受地面载荷的钛和钢结构	3.7
	受飞行载荷的铝和钛结构	4.0

6.4 DFR 方法分析步骤

6.4.1 DFR 方法的基本假设

（1）疲劳寿命服从双参数 Weibull 分布，其分布函数

$$F(N) = 1 - \exp\left[-\left(\frac{N}{\beta}\right)^{\alpha}\right]$$

式中，β 为特征寿命；

α 为材料常数。

（2）平均应力 σ_m 为常数时，疲劳寿命在 $10^4 \sim 10^6$ 范围内，应力幅 σ_a 和对应可靠度 95％、置信水平 95％的疲劳寿命 N 之间的关系 S - N 为幂函数

$$\sigma_a = bS^{-\lg N}$$

式中，S 为斜度参数，并假设它为材料常数。

（3）对应 95％置信水平、95％可靠度，$N = 10^5$ 等寿命曲线为直线，它与横坐标轴的交点的横坐标为 σ_{m0}，并假定 σ_{m0} 为材料常数。

（4）疲劳损伤服从 Miner 线性累积损伤准则。

6.4.2 DFR 方法分析步骤

用 DFR 方法进行疲劳分析和检查的一般步骤为：

（1）确定设计服役目标寿命——飞行次数。按照"飞行时间准则"和"目标寿命准则"确定目标寿命飞行次数，新设计飞机要在设计的初期制订。

（2）确定疲劳可靠性系数 FRF。它是疲劳分析目标寿命的一个放大系数，对每个主要结构部件是一个单一的固定值，是飞机结构效率和成本竞争力两个方面权衡的结果，考虑了结构不同部位可能出现裂纹的频数及后果。

（3）确定地—空—地应力循环。即为每次飞行中最大的应力变程所构成的应

力循环,可根据使用载荷情况给出相应的疲劳应力剖面图,选取剖面图中最低应力和最高应力构成地—空—地循环。

（4）计算地—空—地损伤比。它是地—空—地应力循环产生的疲劳损伤占总损伤（全部载荷谱的损伤之和）的比例,各种循环引起的损伤按照"疲劳损伤表"确定。

（5）计算当量地—空—地循环数。当量地—空—地循环数代表全部使用载荷（情况）造成的总损伤折算为地—空—地应力循环的次数。

$$当量地—空—地循环数 = \frac{目标寿命飞行次数 \times 疲劳可靠性系数}{地—空—地损伤比}$$

（6）确定被检查细节的 DFR。DFR 是结构本身固有的疲劳性能特征值,与使用载荷无关,试验和经验数据是确定 DFR 的主要依据。

（7）确定地—空—地许用应力。地—空—地许用应力是指具体结构细节（DFR 已定）部位在实际使用的当量地—空—地循环数及其应力比的情况下,所允许的最大应力。根据第（3）步给出的应力比、第（5）步给出的当量地—空—地循环数和第（6）步给出的 DFR,由标准 S-N 曲线求出地—空—地许用应力。

（8）计算疲劳裕度。疲劳裕度为正,表示每次飞行出现的地—空—地最大应力增加相应的比例,对具有给定 DFR 的被检查细节能满足目标寿命要求,对于给定的应力,要求的 DFR 可减少相应的百分比;疲劳裕度为负,则必须减小使用应力,或改进设计增加 DFR。

（9）计算要求的结构细节疲劳额定值[DFR]。[DFR]是结构刚好满足给定应力谱、给定目标寿命（疲劳裕度等于0）的细节疲劳额定值。

（10）计算可靠性寿命（疲劳寿命）。

（11）完成疲劳检查表。

6.5 疲劳强度结论的分析与使用

在结构初步设计阶段针对每一结构疲劳细节部位通过上述分析方法进行疲劳分析,得到各细节部位的疲劳检查表,并满足疲劳裕度大于零,保证结构详细设计发图时能满足疲劳强度要求。随后根据各部位疲劳强度的结果,确定主要结构件 PSE。

对于安全寿命结构,采用较大的可靠性系数,对所有疲劳薄弱部位进行分析,并使疲劳裕度大于零,最终通过疲劳试验验证。

对于损伤容限结构,首先需要对所有的结构进行疲劳检查,保证其具有一定的疲劳特性,其次根据疲劳检查的结果及 PSE 确定原则,确定全机结构的 PSE,然后对所有 PSE 进行损伤容限分析,最终通过全尺寸疲劳与损伤容限试验验证。

7 腐蚀环境下的疲劳分析

7.1 腐蚀对飞机结构疲劳性能的影响

民用飞机对于结构腐蚀问题相当重视,CCAR25.571条款的符合性主要通过结构的防腐蚀设计、腐蚀控制和腐蚀维护修理来实现。通过采取这些防腐蚀设计措施来避免飞机结构由于腐蚀导致的灾难性破坏,即运营的飞机通过实施腐蚀防护控制大纲(CPCP)来保证。但分析和了解腐蚀对结构疲劳性能的影响同样是非常必要的,定量分析腐蚀的影响对避免结构出现腐蚀导致的灾难性破坏有积极的作用。

飞机受到腐蚀环境影响的结构一般可以分为三类:

(1)疲劳及腐蚀关键危险部位:在疲劳载荷和腐蚀环境的共同作用下会产生疲劳断裂而导致结构破坏或危及飞行安全。

(2)腐蚀关键危险部位:应力水平不高,但在腐蚀环境作用下会因严重腐蚀损伤而影响其使用功能,或者造成不能经济修理而导致结构失效。

(3)应力腐蚀关键危险部位:由于预应力和装配应力的作用,在地面停放时的$1g$应力作用下会产生应力腐蚀开裂及裂纹扩展。

以上三类腐蚀情况在结构设计与评定时应采用不同的措施来实现结构的长寿命及安全性的要求。对于第三类在设计时应保证$K_{Ic}<K_{Iscc}$,避免出现应力腐蚀情况,并通过检查和修理防止结构开裂;对于第二类重点从防腐蚀设计入手,通过试验选择能符合腐蚀门槛值要求的防护体系,并制订维护检查与修理的大纲来实现结构件不失效;对于第一类除采取防腐蚀设计措施以外,有必要分析评定腐蚀对疲劳性能的影响及其影响规律,从而在设计、使用维护检查及修理上采取措施,制订维护检查大纲来确保飞机结构的安全性。

腐蚀疲劳的特征首先表现为机体抗疲劳性能的降低。对于铁基合金,腐蚀疲劳不再有真正的疲劳极限,腐蚀疲劳寿命随应力水平的降低而增加;腐蚀疲劳的条件疲劳极限与空气中的机械性能没有直接相关关系,提高极限强度σ_b,对腐蚀环境中的条件疲劳极限影响很小;腐蚀疲劳性能同循环加载频率和波形密切相关;在高循环疲劳条件下,腐蚀介质使钢制件对表面微观几何特征以及机械应力集中不敏感或较少敏感;在外观上,腐蚀疲劳条件下,往往同时有多条疲劳裂纹形成,并沿垂直于拉应力方向扩展,导致碳钢和低合金钢在中性腐蚀介质中的疲劳断口呈现清晰的多平面特征;腐蚀疲劳断口还往往在非瞬断区覆盖有腐蚀产物。

飞机结构的腐蚀形式主要是湿腐蚀,紧固孔、接头耳片螺栓孔等疲劳关键危险部位的腐蚀形式多为缝隙腐蚀。由于缝隙内外氧的浓度极差,缝隙内部氧浓度低于外部,从而引起浓差电池。缝隙内部为阳极区,腐蚀集中于缝隙周围。腐蚀疲劳条件下,由于外加循环载荷引起裂纹反复张开闭合,使缝内溶液被挤出或吸入,缝内溶液能定期与缝外主体溶液混合,使微区环境与整体环境的差别减小。因此,腐蚀疲劳试验的加载波形和加载频率对疲劳寿命有显著的影响。

与一般疲劳一样,腐蚀疲劳的过程也可分为裂纹形成和裂纹扩展两个阶段,不论裂纹形成阶段还是裂纹扩展阶段,反复滑移都是造成疲劳损伤的基本过程,滑移—溶解模型能较好地说明裂纹形成和扩展过程。

对湿腐蚀疲劳裂纹形成的理论模型研究可分为四类:

(1) 小孔腐蚀理论认为在循环应力与环境作用下,构件表面易形成腐蚀孔(坑),这些蚀孔和坑的底部和边缘形成应力集中,发展成为裂纹,例如飞机结构用不锈钢在中性水(潮湿大气、凝露、海水)中的腐蚀疲劳情况。

(2) 形变活化腐蚀理论认为金属中滑移带集中的变形区域(阳极)与未变形区域(阴极)组成电池,阳极不断溶解而形成裂纹。

(3) 膜破裂理论认为重复滑移—膜破—溶解—成膜的过程,逐步形成了腐蚀疲劳裂纹。

(4) 吸附理论认为金属与环境交界处由于吸附了表面活性物质,使金属表面能降低,在循环应力作用下,表面滑移带的产生和微裂纹的扩展均变得容易进行,从而导致金属腐蚀疲劳破坏。

腐蚀疲劳裂纹扩展的理论模型主要有两种:"叠加模型"认为腐蚀疲劳裂纹扩展速率即为同一环境中应力腐蚀裂纹扩展速率、无应力腐蚀的真腐蚀疲劳裂纹扩展速率与惰性环境中纯机械疲劳裂纹扩展速率之和;"竞争模型"认为腐蚀疲劳裂纹扩展速率是由上面三种情况下的裂纹扩展速率竞争的结果决定的,可将其裂纹扩展特征曲线适当地分为若干个区域,导出各相应区域的裂纹扩展方程。

显然,相同金属—环境腐蚀疲劳系统在不同应力水平时的损伤机理是不同的,不同金属-环境系统的腐蚀疲劳损伤机理更不可能一致,不可能用完整统一的腐蚀疲劳理论进行描述,腐蚀对某种材料、某种结构形式的结构疲劳性能产生怎样的影响,需要有大量的试验研究作为基础。

7.2　DFR 的腐蚀影响系数

腐蚀对结构细节疲劳性能的影响是异常复杂的,影响因素也很多,不可能按照专门研究腐蚀对材料性能的影响的方式去研究,因此有必要在结构设计与疲劳分析中寻求一种工程实用的方法。参考常规 DFR 方法中引入孔填充系数、合金和表面处理系数、粗糙度系数等各种系数来考虑结构细节使用、加工情况的思路,引入 DFR 的腐蚀影响系数,可以建立腐蚀条件下疲劳分析的 DFR 方法。

定义 DFR 的腐蚀影响系数 M_D,使得腐蚀环境下用于结构疲劳分析的细节疲劳额定值 DFR_C 可以表示为

$$DFR_C = DFR \times M_D$$

式中,DFR 为一般环境下的细节疲劳额定值。

将第 i 次飞行导致的 M_D 分解为地面停放腐蚀的影响系数 M_{Dgi} 和空中飞行腐蚀的影响系数 M_{Dai},即 $M_D = M_{Dg} \times M_{Da}$,空中飞行腐蚀的影响系数 M_{Dai},又可以分解为空中腐蚀环境的影响系数 M_{Dci} 和空中腐蚀疲劳的影响系数 M_{Dfi}。腐蚀影响系数 M_D 的确定,可以采用以下两种方法:

(1)采用疲劳寿命折算方法并由腐蚀对疲劳寿命的影响当量折算的 DFR 的腐蚀影响系数,称之为 DFR 的当量折算系数,用 M_{De} 表示;

(2)采用升降法测定方法,并用典型腐蚀环境下的升降法试验测得该环境下的 DFR 的腐蚀影响系数称为腐蚀对 DFR 的直接影响系数,用 M_{Dd} 表示,由各种典型环境的腐蚀直接影响系数加权处理得到综合环境对 DFR 的腐蚀直接影响系数。

7.3 腐蚀环境下的 DFR 分析方法

腐蚀条件下民用飞机结构件的疲劳分析只比一般环境下的疲劳分析增加由典型环境、典型结构件或疲劳关键部位模拟件疲劳试验确定 DFR 腐蚀影响系数 M_D,进而可以确定用于腐蚀条件下结构疲劳分析的 DFR 过程,如图 7-1 所示。

分析步骤如下:

(1)确定所分析的关键部位的地面停放、空中飞行时间。

(2)确定地面停放腐蚀环境、空中飞行腐蚀环境、腐蚀疲劳的环境。

(3)由典型环境下的腐蚀疲劳寿命试验确定该环境 DFR 的腐蚀当量折算系数 M_{De},或由典型环境下的升降法试验确定典型环境的 DFR 的腐蚀直接影响系数 M_{Dd},由典型腐蚀年限后的疲劳试验确定 DFR 的预腐蚀影响系数和预腐蚀时间的关系。

(4)根据综合环境和典型环境的关系确定各种环境的加权系数,确定综合环境下 DFR 的腐蚀影响系数 M_D。

(5)确定腐蚀条件下的关键细节的 DFR。由于预腐蚀影响,腐蚀条件下的关键细节的 DFR 是使用时间的函数。

(6)用与一般环境条件下 DFR 方法相同的步骤进行民用飞机结构综合环境的疲劳分析。

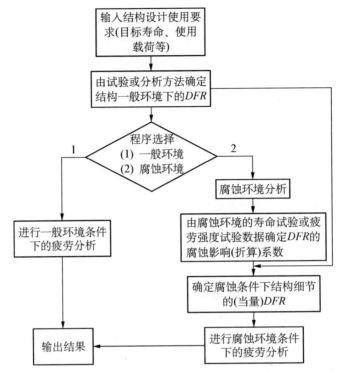

图 7 - 1　腐蚀条件下结构疲劳分析的 DFR 流程

　　分析中所用到的 DFR 腐蚀影响系数是根据所分析部位的细节结构在其典型环境下的疲劳试验得到的。采用该分析方法可以在设计初期对受腐蚀影响严重的疲劳关键部位进行分析评估,完善结构细节设计。

7.4　分析方法的试验研究

7.4.1　DFR 方法的试验研究

1) 预腐蚀影响系数曲线(C-T)的测定

　　C-T 曲线包括地面停放腐蚀影响系数(C_1-T)和空中环境腐蚀影响系数曲线(C_2-T),虽然地面停放环境谱和空中环境谱不同,但腐蚀机理相同,试验室进行加速腐蚀试验时,可以采用统一的加速环境谱。其差别在于地面停放腐蚀和空中环境腐蚀当量加速关系不同。

　　(1) 加速环境谱。可以采用北大西洋公约组织研究的预腐蚀和腐蚀疲劳对结构寿命的影响,确定铝合金结构的周期浸润环境谱,该谱主要模拟水介质环境对结构的影响,周浸加速环境谱具体构成如下:

　　(a) 酸性 NaCl 溶液浸润:5%NaCl 溶液中加入少量稀 H_2SO_4,使 pH=4～4.5,溶液温度为(40±2)℃。

　　(b) 在 40℃温度和(95±5)%相对湿度的潮湿空气中,用远红外线灯照射烘干试件,调节远红外线灯的位置与功率,使试件在临近浸入溶液前可被烘干。

一个加速谱周期为 30 min,浸泡 7.5 min,溶液外 22.5 min。

(2)当量关系。以电化学法拉第定律为原理,按腐蚀电量相同的原则,分别将典型结构局部环境谱和加速环境谱当量折算为标准潮湿空气作用小时数,两个当量作用时间的比即为当量加速关系。

2)腐蚀影响系数测定

腐蚀对疲劳寿命影响时确定的空中环境的构成,采用室温大气、潮湿空气、盐雾以及盐雾+介质等组合构成的环境。虽然不同部位局部腐蚀环境不同,但可采用上述单一介质不同百分比组成。

(1)单一介质下的腐蚀疲劳试验。分别在上述单一介质下进行腐蚀疲劳试验,每组 7 件,试验至试件断裂,记录总寿命,并计算中值寿命。

(2)腐蚀影响系数。计算单一介质腐蚀影响系数,按单一介质百分比加权得到腐蚀影响系数。

7.4.2　典型结构的疲劳分析与试验验证

采用一般环境和腐蚀环境下的疲劳分析方法选取典型的结构对其进行分析,并通过一般环境和腐蚀环境下的疲劳试验,验证所建立的腐蚀条件下民用飞机结构疲劳寿命评估方法的合理性与可行性。

选择的结构为机身典型长桁接头,材料为 2024 - T3,长桁、机加接头及蒙皮表面按 XYS2313Ⅲ类薄稀硫酸阳极化后涂 BMS10 - 11Ⅰ型底漆,长桁接头连接区域装配时,在接头与长桁之间及长桁与蒙皮之间涂 XM - 33 胶,装配完成后在蒙皮外侧涂进口面漆。试验件的几何尺寸、孔径和加工工艺以及防腐涂层均较好地模拟了机身长桁机加接头部位结构连接情况。试验件如图 7 - 2 所示。

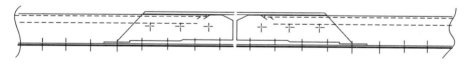

图 7 - 2　机身长桁机加接头试验件

1)一般环境下机身典型长桁接头疲劳试验

根据民用飞机典型任务剖面,确定机身长桁在一般环境下的试验载荷谱,进行一般环境下的疲劳试验。

疲劳试验载荷

$$P = k \cdot \sigma \cdot F$$

式中:σ 为名义应力谱,一般采用当量地—空—地恒幅应力谱;

　　　F 为试件净截面积;

　　　k 为载荷调整系数。

使得试验室环境下试件的中值寿命在 3×10^5 左右。

通过摸索试验,确定交替验证试验采用的最大载荷为 $P_{max}=6.16\,\text{kN}$,应力比 R 为 0.075 的恒幅载荷谱。试验环境为室温大气,试验频率 2 Hz。得到机身长桁机加接头试件一般环境下的疲劳试验结果(见表 7-1)和试验件破坏状况(见图 7-3)。

表 7-1   试验结果

试件号	1	2	3
寿命/次	271 892	243 686	243 458

图 7-3   试验件破坏断口

2) 腐蚀环境下机身典型长桁接头疲劳试验

根据民用飞机典型任务剖面和使用环境,分析确定机身长桁在腐蚀环境下的加速试验环境谱与当量加速关系、试验载荷谱,进行腐蚀环境下的预腐蚀—腐蚀疲劳交替试验。

预腐蚀试验采用机身长桁机加接头细节处的环境谱及当量加速关系,该周期浸润谱由两部分组成,用周浸试验机实施:

(1) 酸性 NaCl 溶液浸润:5%NaCl 溶液中加入少量稀 H_2SO_4,使 pH=4~4.5,溶液温度为(40±2)℃。

(2) 在 40℃温度和(95±5)%相对湿度的潮湿空气中,用远红外线灯照射烘干试件,调节远红外线灯的位置与功率,使试件在临近浸入溶液前可被烘干。

一个加速谱周期为 30 min,浸泡 7.5 min,溶液外 22.5 min。

当量加速关系为:加速腐蚀环境谱下作用 16.5 h 相当于外场实际使用 1 年。

加速腐蚀试验箱湿度范围为(60~97)%,控制精度±5%,温度控制精度为±2℃,试验过程中每 48 h 更换溶液。试验步骤:

(1) 交替试验前取疲劳试验最大载荷 $P_{max}=6.16\,\text{kN}$,在 −50℃温度下进行两次低温预拉伸;预拉伸在疲劳试验机上进行,将试件置于低温盒中,低温盒中放有液氮和酒精的混合物,能保持−(50±5)℃的恒温状态约 3 min。预拉伸后采用丙酮或无水乙醇清洗试件表面油污,然后用去离子水进行清洗、烘干,再进行交替试验。

(2) 交替试验加速预腐蚀试验过程中,试件水平放置在由惰性材料制成的试件搁架上,且试件考核面向上接受红外灯照射,为避免环境箱工作室环境不均匀对试件的影响,每 12 h 随机交换试件位置一次。试验后马上用去离子水对试件进行清洗、烘干,并对试件腐蚀情况进行观察和记录。

(3) 交替试验的疲劳试验在潮湿空气环境下进行,频率为 2 Hz。

(4) 交替试验做至试件断裂,记录交替试验周期数及总疲劳寿命。

得到机身长桁机加接头模拟试件腐蚀环境下交替验证试验结果(见表 7 - 2)和试验件破坏状况(见图 7 - 4)。

表 7 - 2 试验结果

试件号	1	2	3
寿命/次	157 626	126 604	336 212

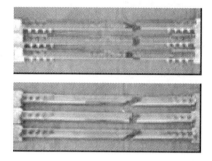

图 7 - 4 试验件破坏断口

3) 试验结果的分析比较

现对机身长桁接头在一般环境及腐蚀环境下的疲劳试验结果进行分析,并采用 *DFR* 方法进行理论计算,比较试验与分析的结果,验证方法的合理性。

(1) 对试验结果进行统计分析和处理。假定民用飞机机身长桁机加接头试件一般环境和交替试验疲劳寿命均服从对数正态分布,对其分布参数进行估计,得到当量地—空—地循环中值寿命与对数寿命标准差。一般环境下试验中值寿命 N_{50} = 252 668 次,对数寿命标准差 S = 0.027 6;交替试验中值疲劳寿命 N_{50-CF} = 188 625 次,对数寿命标准差 S_{CF} = 0.222 6。

每个周期对应的一般环境下当量地—空—地循环数为 46 300 次,对应的交替试验潮湿空气环境腐蚀疲劳当量地—空—地循环数为 42 600,而且每个周期相当于 $365 \times 8 \times 3$ = 8 760 次飞行。因此一般环境下飞行次数的中值寿命 N_{50}^* = 47 726 次飞行;交替试验条件下飞行次数的中值寿命 N_{50-CF}^* = 35 629 次飞行。中值寿命的腐蚀综合修正系数为 M = 0.747。

(2) 对交替验证试验件的疲劳寿命分析。得到机身长桁机加接头部位 $C - T$ 曲线为: C = 1.0 - 0.083 434 7 × $(T - 7.0)$0.564 752,机身长桁机加接头部位空中腐蚀疲劳影响系数为 K = 0.806,潮湿空气环境下腐蚀疲劳影响系数 k_1 = 0.742。一般环境下中值寿命 N_{50}^* = 47 726 次,采用腐蚀条件下民用飞机结构疲劳寿命评定分析方法和程序计算得到交替验证试验过程对应的疲劳寿命 $N_{50}^* = 34\,952$ 次,腐蚀综合修正系数为 $M' = 0.732$。

由此可见,交替验证试验寿命与对应的计算寿命的相对偏差为 2.0%;验证试验与分析结果的对比表明,所建立的腐蚀条件下民用飞机结构疲劳寿命方法是合理可行的。

7.5　腐蚀环境下疲劳强度结论的分析与使用

采用 DFR 疲劳寿命分析方法,对实际飞机的机身顶部长桁对接部位进行一般环境和腐蚀环境下的疲劳分析。长桁和接头材料均为 7075,长桁底边与接头用 5 个铆钉连接,长桁立边与接头用 4 个铆钉连接,如图 7-5 所示。

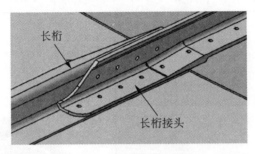

图 7-5　长桁接头

7.5.1　一般环境下的疲劳寿命分析

根据长桁接头结构细节参数,计算得到中机身处顶部长桁接头的 DFR 危险位置在长桁立边上:$DFR = DFR_{base} \cdot A \cdot B \cdot C \cdot D \cdot E \cdot U \cdot R_c = 74.54\,\text{MPa}$,短程飞行是该部位的危险剖面。

长桁短程应力循环如图 7-6 所示。

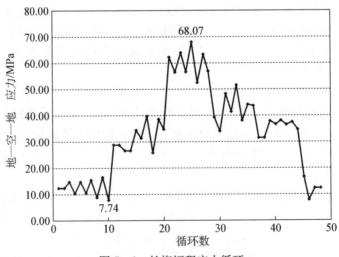

图 7-6　长桁短程应力循环

计算得到的该长桁在短程疲劳载荷作用下,地—空—地最大应力为68.07 MPa,其飞行情况为巡航机动,地—空—地最小应力为 7.74 MPa,其飞行情况为起飞滑跑,地—空—地应力比 $R=7.74/68.07=0.11$,计算得地—空—地损伤比为0.9267。由此得一般环境下长桁接头的疲劳裕度为 0.15。

7.5.2 腐蚀环境下的疲劳寿命分析

根据腐蚀环境下的 DFR 疲劳寿命分析步骤,首先要确定腐蚀影响系数 M_D。在弱腐蚀条件下,可以假设地面停放腐蚀和空中腐蚀疲劳的影响相互独立,因此 DFR 腐蚀影响系数 M_D 可分为地面停放腐蚀影响系数 M_{Dg} 与空中腐蚀疲劳影响系数 M_{Da},即 $M_D = M_{Dg} \times M_{Da}$。

1) 地面停放腐蚀影响系数

地面停靠腐蚀影响系数 M_{Dg} 的确定可分为以下三个部分:

(1) 确定 M_{Dg} 与加速预腐蚀时间 t 的关系。通过试验室加速预腐蚀试验,可以得到典型结构细节的 DFR 预腐蚀影响系数 M_{Dg} 与加速预腐蚀时间 t 的关系,分析和试验表明 M_{Dg} 与 t 的关系可以表示为

$$M_{Dg} = 1 - \beta t^{\alpha}$$

(2) 确定加速预腐蚀时间 t 与飞机服役时间 T 的关系。加速预腐蚀时间 t 与飞机服役时间 T 的关系包含两部分:一部分是加速预腐蚀时间 t 和地面停放腐蚀时间 T_g 的关系;另一部分是地面停放腐蚀时间 T_g 与飞机服役时间 T 的关系。机身长桁典型机加接头部位模拟试件采用周期浸润加速环境谱,该环境谱下作用 16.5 h 相当于外场服役 1 年,当量加速关系可表示为:

$$T(/\text{年}) = \frac{t(/\text{h})}{\lambda} \qquad (\lambda = 16.5)$$

(3) 确定飞机服役 T 时间结构的累积地面停放腐蚀影响系数 M_{DgT}。

地面停靠腐蚀影响系数 M_{Dg} 是飞机结构服役时间 T 的函数。

$$M_{Dg} = \begin{cases} 1 & (T \leqslant T_0) \\ 1 - \beta'(T - T_0)^{\alpha} & (T > T_0) \end{cases}$$

式中,T_0 为涂层失效年限。当涂层没有失效时,腐蚀对疲劳寿命是没有影响的。

$$\beta' = \lambda^{\alpha}\beta$$

对于服役一段时间的结构的疲劳分析所采用的地面腐蚀影响系数应该采用该时期内的累积影响系数,T 时刻的累积地面停放腐蚀影响系数 M_{DgT} 采用积分的方法获得。

$$M_{DgT}(T) = \int_0^T M_{Dg}(t)\,\mathrm{d}t$$

上式可简化为

$$M_{DgT}(T) = 1 - \beta'' T^{\alpha}$$

其中

$$\beta'' = \frac{\beta'}{\alpha + 1}$$

通过试验获得涂层失效年限为 8 年,根据预腐蚀影响系数与飞机服役时间的关系曲线,拟合方程式

$$M_{Dg} = \begin{cases} 1 & (T \leqslant 8) \\ 1 - 0.0170 \times (T-8)^{0.6754} & (T > 8) \end{cases}$$

即 $\beta' = 0.0170$, $\alpha = 0.6574$。

$$\beta'' = \frac{\beta'}{\alpha + 1} = 0.0101$$

则 $M_{DgT}(T) = \begin{cases} 1 & (T \leqslant 8) \\ 1 - 0.0101 \times (T-8)^{0.6754} & (T > 8) \end{cases}$

2) 空中腐蚀疲劳影响系数

腐蚀疲劳对结构疲劳性能的影响是非常复杂的,要视合金—介质体系的性质而定。利用 9 种典型环境试验室标准数据(9 种单一介质对 DFR 的腐蚀疲劳影响系数),采用加权法,取得飞机机体各部位当量环境下的 DFR 腐蚀疲劳影响系数,用以评估该部位腐蚀环境下的疲劳性能。

得到 DFR 的腐蚀疲劳影响系数为

$$M_{Da} = \sum_{j=1}^{9} y_j \cdot M_{Daj}$$

式中,M_{Daj} 为第 j 种典型环境对 DFR 的腐蚀疲劳影响系数;

y_j 为飞机典型环境种第 j 种典型环境的加权百分数。

分析认为,该长桁接头的空中腐蚀疲劳主要发生在 3 000 m 以下的飞行阶段,其所处空中环境的加权组成如表 7-3 所示。由试验得到几种典型单一介质环境的 DFR 腐蚀疲劳影响系数如表 7-4 所示。

表 7-3 空中环境谱的组成

单一介质环境	试验室空气及室温	潮湿空气	3.5%盐雾	酸性盐雾
百分比/%	30	60	5	5

表 7 - 4 各单一介质环境的 *DFR* 腐蚀疲劳影响系数

单一介质环境	试验室空气及室温	潮湿空气	3.5%盐雾	酸性盐雾
M_{Daj}	1	0.935	0.914	0.843

由以上数据可得长桁接头的空中疲劳腐蚀影响系数为

$$M_{Da} = \sum_{j=1}^{9} y_j \cdot M_{Daj} = 0.9489$$

3）分析确定综合环境下长桁接头的 DFR_C 及疲劳裕度

飞机目标寿命为 60 000 次起落,使用年限为 20 年,该长桁接头对应 20 年的地面停放累积腐蚀影响系数为 0.9620,空中腐蚀疲劳影响系数为 0.9489,腐蚀条件下的细节疲劳额定值 DFR_C 为

$$DFR_C = DFR \cdot M_{DgT} \cdot M_{Da} = 74.54 \times 0.9620 \times 0.9489 = 68.04 \text{ MPa}$$

腐蚀环境下的长桁接头疲劳载荷与一般环境下的相同,从而计算得到腐蚀环境下长桁接头疲劳裕度为 0.05。

采用此分析方法可以比较简便地考虑腐蚀影响进行疲劳分析,达到了工程的适用性。为了较好地使用该方法,有必要对民用飞机结构关键的腐蚀疲劳部位进行腐蚀影响系数试验,确定必要的参数,并积累各部位的试验数据,为疲劳分析提供有利的依据。

8 民用飞机结构损伤容限评定

8.1 民用飞机结构损伤容限评定步骤

损伤容限的评定工作涉及从飞机设计准备阶段到机群最终退役的各个环节,可以分为损伤容限设计、评定和结构检查大纲三个部分。损伤容限设计是能否满足适航要求的基础,损伤容限评定是检查和提高设计质量的手段,检查大纲则是保障机体结构安全性的具体措施。

损伤容限评定包括裂纹扩展分析、剩余强度分析、建立结构检查大纲和相应的试验验证。损伤容限的评定框图如图 8-1 所示,分析流程如图 8-2 所示。

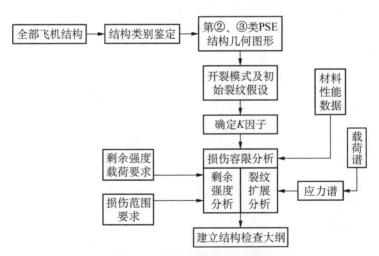

图 8-1　损伤容限的评定框图

损伤容限的评定步骤:

(1) 结构类别鉴定:按照损伤容限结构分类要求将全部飞机结构分解为 4 类结构。

(2) 确定第②、③类 PSE 结构的几何尺寸:首先鉴别需评定的部位,通过分析或试验确定 PSE 的基本损伤部位和模式,综合考虑应力分析(高应力区、复杂结构)、疲劳分析(薄弱部位)、细节设计的不连续点、刚度突变部位、静力和疲劳试验

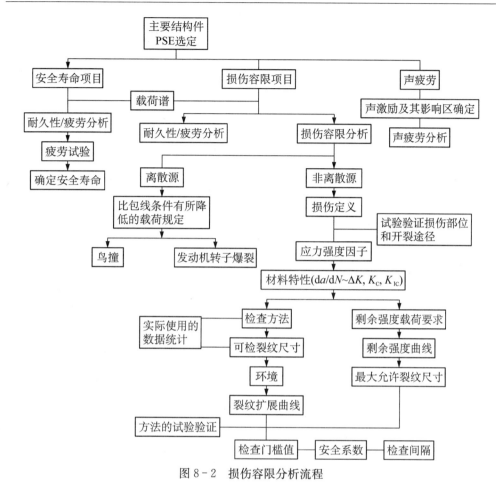

图 8-2 损伤容限分析流程

（永久变形区域、失稳区域）、应变测量、严重腐蚀和意外损伤的部位、类似结构件的试验结果和使用经验来选择损伤的危险点。然后给出全部需要评定的第②、③类PSE的顺序、名称、位置和结构几何尺寸。

（3）确定开裂模式及初始裂纹假设：确定开裂模式，包括选择单裂纹和多裂纹，初始裂纹假设等。

（4）确定应力强度因子 K。

（5）载荷谱、应力谱计算：按照飞—续—飞顺序编制飞机重心过载谱，通过应力分析获得各部位PSE的应力谱。

（6）确定剩余强度载荷要求：按照CCAR25.571要求确定和计算剩余强度载荷。

（7）确定损伤范围：该范围要经剩余强度分析，证明结构满足剩余强度载荷要求。

（8）选择材料性能数据：确定剩余强度和裂纹扩展分析中需要的材料性能数据，特别要注意大气环境和结构、使用环境对材料性能的影响，对PSE中的结构部位所采用的材料的有关性能要通过试验测试，从而取得可靠的数据。

（9）剩余强度分析：对第②、③类结构中全部PSE都要求在确定的开裂模式下进行剩余强度分析。评定以两种形式给出:一是给出损伤范围要求,评定该部位是否满足剩余强度载荷要求;二是规定初始开裂模式和谱载作用下的裂纹扩展,评定在剩余强度载荷要求作用下的最大损伤范围。评定时要考虑广布疲劳损伤对剩余强度的影响,也就是说在选择断裂破坏准则时要考虑裂纹连通准则。

(10) 裂纹扩展分析:只对第③类结构中的 PSE 进行裂纹扩展分析。特别注意各裂纹扩展寿命模型随载荷谱型的不同而各异,还要注意广布疲劳损伤的随机性。

(11) 结构检查大纲:结构检查大纲以环境损伤额定值(EDR)系统、意外损伤额定值(ADR)系统和损伤容限额定值(DTR)系统等三个额定值系统为基础,通过评定得出给定部位全部 PSE 推荐的门槛值、检查间隔和检查方法。

损伤容限分析包含裂纹扩展分析与剩余强度分析,其目的是给出全部 PSE 中各部位的初始检查门槛值、检查间隔和检查方法,并编入结构检查大纲。

(a) 门槛值确定方法:进行疲劳分析与试验,裂纹扩展分析与试验,证明裂纹是缓慢扩展的。裂纹扩展分析时从初始缺陷尺寸扩展到最大允许损伤。

(b) 检查间隔确定方法:进行损伤容限分析,同时考虑最终的裂纹检出概率。裂纹扩展分析时从最小可检裂纹尺寸扩展到最大允许损伤,最终的裂纹检出概率要达到95%。

(c) 无损检测方法的确定:不同的检查方法可检的裂纹尺寸不同,裂纹检出的概率也不同。应根据可检裂纹尺寸范围、裂纹检出概率要求来确定无损检测方法,同时考虑检测的可达性的影响。

8.2 裂纹扩展分析方法

裂纹扩展分析的目的是在使用载荷环境下,确定损伤从初始裂纹尺寸扩展到最大允许损伤之间的时间间隔,即裂纹扩展寿命。影响裂纹扩展的因素主要包括载荷谱及环境、材料性能、结构形式。

裂纹扩展的分析流程如图 8-3 所示。

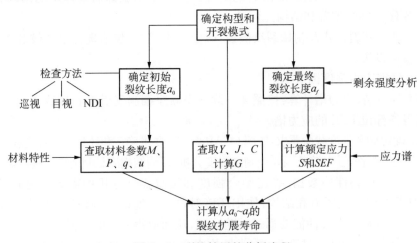

图 8-3 裂纹扩展的分析流程

8.2.1 裂纹扩展分析的步骤

各细节部位的裂纹扩展分析可按以下步骤进行：

(1) 确定构件几何形状，选择开裂模式。

(2) 确定初始裂纹尺寸 a_0。

(3) 确定终止裂纹尺寸 a_f。

(4) 确定裂纹扩展材料常数。

(5) 确定结构修正因子。

(6) 选择裂纹扩展模型。

(7) 获取应力谱。

(8) 计算裂纹扩展寿命。

8.2.2 开裂模式

裂纹扩展分析需应根据结构的几何形状，选择并确定结构的开裂模式。在民用飞机结构设计中，典型的结构开裂部位及开裂形式如图 8-4～图 8-16 所示。各部位的裂纹扩展分析，则可根据受力状态、几何参数，选择开裂模式。

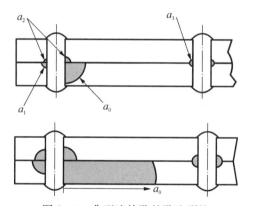

图 8-4 典型连接孔的孔边裂纹

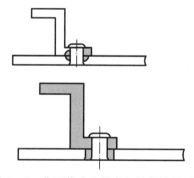

图 8-5 典型蒙皮和桁条加筋结构的开裂

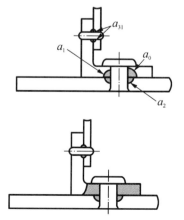

图 8-6 翼梁缘条和相连蒙皮开裂

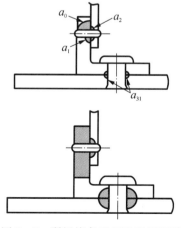

图 8-7 翼梁缘条和相连腹板开裂

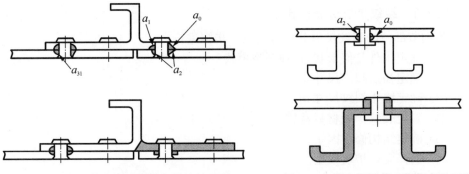

图 8-8　典型蒙皮和对接桁条结构的开裂　　　图 8-9　机身上部蒙皮和桁条的开裂

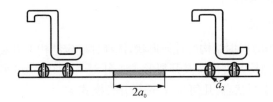

图 8-10　主裂纹处于两桁条中央的机身蒙皮开裂

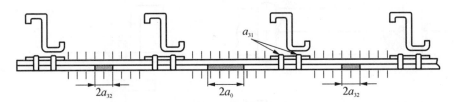

图 8-11　对接铆钉排或桁条下方的机身蒙皮主裂纹

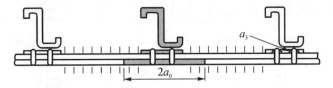

图 8-12　框和止裂带破坏时的机身蒙皮裂纹

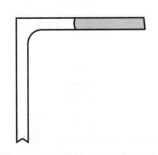
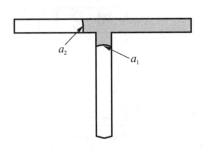

图 8-13　整体单角形缘条的开裂　　　　　图 8-14　整体 T 形缘条的开裂

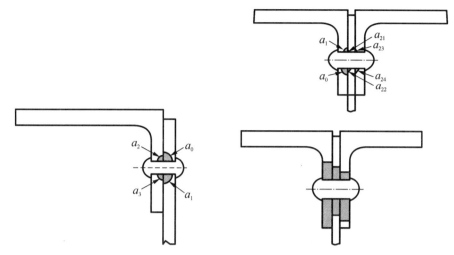

图 8-15　与腹板连接的单角缘条的开裂　　图 8-16　与腹板连接的双角缘条的开裂

8.2.3　初始裂纹尺寸

初始裂纹尺寸的确定是裂纹扩展分析的前提。初始裂纹尺寸取决于结构构型、材料、裂纹位置、检查方法和方向、检测人员的素质等。

裂纹扩展分析初始裂纹尺寸的选择有两种：一种是初始缺陷尺寸；另一种是最小可检裂纹尺寸。

在确定门槛值的过程中，选择初始缺陷尺寸进行裂纹扩展分析，主要是基于任何结构都具有初始缺陷的假设，其分析结果用来确定首次检查的时间。损伤容限设计要求结构必须具有缓慢裂纹扩展的特征，若裂纹扩展较快，则门槛值较短，这种情况下认为该结构不是损伤容限结构，只能按安全寿命结构来处理。当设计准则或适航当局不允许时须改进结构设计，使其满足缓慢裂纹扩展的损伤容限结构设计要求。在确定检查间隔的过程中，由于检查间隔的确定与检查方法和该方法的可检裂纹尺寸大小及裂纹检出概率有关，应选择最小可检裂纹尺寸进行裂纹扩展分析。

1）初始缺陷尺寸

在无国内充分实测数据的情况下，参照国外经验作如下假设。为了考虑广布疲劳损伤，对多部位或多元件的连续损伤（或称副裂纹，次裂纹）也作了假设。初始缺陷尺寸假设如表 8-1 所示。

表 8-1　初始缺陷尺寸

	裂纹长度 a	mm(in)
主裂纹	开孔	1.27(0.05)
	板中心穿透裂纹	3.18(0.125)

（续表）

	裂纹长度 a	mm(in)
主裂纹	边缘裂纹	2.62(0.103)
	紧固件孔边角裂纹	0.127(0.005)
副裂纹	相邻孔边副裂纹	0.127～0.38 (0.005～0.015)
	相邻元件边缘副裂纹	0.20(0.008)

2）最小可检裂纹尺寸

最小可检裂纹尺寸与结构的复杂程度、被检查部件的可达性、检测手段、检测概率以及检测人员的素质有很大关系。因此，必须以用户的使用数据为基础，确定能够检出最小的裂纹，并计算最大可能漏检的裂纹尺寸。

在缺乏国内成熟和充分数据的情况下，在一定的条件（合适的裂纹走向及检验条件，检查人员经过训练、技术熟练）下，参考国外经验确定最小可检裂纹尺寸，如表 8-2 所示。这些最小尺寸的裂纹假定合格的检查人员采用规定的方法和仪器，以高的觉察概率进行检查得到。实际的可检尺寸必须由无损检查工程师在执行检查大纲以前确定，每位工程师必须清楚地知道所指定的无损检查方法的局限性。

表 8-2　最小可检裂纹尺寸

检查方法		材料类型	裂纹型式	（辅助）工具	最小可检裂纹尺寸 a_{det}/mm(in)
目视	一般目视 详细目视 特殊详细目视	金属和非金属	表面裂纹（涂漆表面）	3～5 倍放大镜	25.4(1.0) 或孔到孔
渗透		金属	表面裂纹（涂漆表面）	3～5 倍放大镜	3.18(0.125)
				不用放大镜	6.35(0.250)
磁粉		钢和磁性不锈钢	表面裂纹（未涂漆表面）	3～5 倍放大镜	1.59(0.0625)
				不用放大镜	3.18(0.125)
			表面裂纹（涂漆表面）	不用放大镜	6.35(0.250)
X射线		金属和非金属	无遮挡的长度		19.05(0.750) 或孔到孔或孔到边缘

（续表）

检查方法		材料类型	裂纹型式	（辅助）工具	最小可检裂纹尺寸 $a_{det}/mm(in)$
超声波	剪切波（角梁）	金属和某些非金属	紧固孔裂纹	最小探头 6.35×6.35 (0.25×0.25) 5 或 10 MHz	3.18（0.125）长，1.59(0.0625)深
			裂纹在 U 形夹内或在耳片内		
	纵向波（直梁）	同上	螺栓		6.35(1/4)到 8.47 (1/3)直径
			紧固孔裂纹		3.18(0.125)
涡流	螺栓孔（卸去紧固件）	金属（磁性或非磁性材料）	边缘（角）裂纹		7.62(0.30)×15.24 (0.60)
			孔内（嵌入）		1.52（0.060）长，0.76(0.030)深
	表面探测	同上	紧固件处裂纹		1.59（0.0625）（未遮挡长度）
涡流	表面探测	同上	从紧固件向外扩展的裂纹		3.18(0.125)
	塞式探头（卸去紧固件）	同上	边缘（角）裂纹		1.59（0.0625）×1.59(0.0625)
	边缘（角）探测	同上	边缘（角）裂纹		1.59（0.0625）×1.59(0.0625)
	低频反射探头	金属（非磁性或低导磁性材料）	紧固件处亚表面裂纹在小于3.81(0.150)厚度		6.35(0.25)/10.16 (0.400)
			紧固件处亚表面裂纹在小于7.62(0.300)厚度		0/10.16（0.400）/13.97(0.550)

8.2.4 裂纹扩展模型

裂纹扩展速率 da/dN 主要受应力强度因子变程 ΔK 控制，常用的裂纹扩展公式有：

（1）Paris 公式：

$$\mathrm{d}a/\mathrm{d}N = C_{\mathrm{p}}(\Delta K)^{n_{\mathrm{p}}}$$

（2）Forman 公式：

$$\mathrm{d}a/\mathrm{d}N = C_{\mathrm{F}}(\Delta K)^{n_{\mathrm{F}}}/[K_{\mathrm{c}}(1-R)-\Delta K]$$

（3）Walker 公式：

$$\mathrm{d}a/\mathrm{d}N = C_{\mathrm{W}}[(1-R)^{m_{\mathrm{W}}}K_{\max}]^{n_{\mathrm{W}}} = C_{\mathrm{W}}[(1-R)^{m_{\mathrm{W}}-1}\Delta K]^{n_{\mathrm{W}}}$$

式中，$\Delta K = (\sigma_{\max} - \sigma_{\min})\sqrt{\pi a}\beta$；

β 为几何影响因子；

C、m、n 为由试验测定的材料常数；

R 为应力比，$R = \dfrac{\sigma_{\min}}{\sigma_{\max}}$。

将裂纹扩展速率用下面的通式表示

$$\frac{\mathrm{d}a}{\mathrm{d}N} = f(\Delta K, R)$$

由此可得

$$N = \int_{0}^{N}\mathrm{d}N = \int_{a_0}^{a_f}\frac{\mathrm{d}a}{f(\Delta K, R)}$$

因此，裂纹扩展寿命的计算实质是一个积分求解过程。

在变幅谱特别是复杂谱下，不同幅值的循环之间有很大的相互作用，主要表现为

（1）拉伸超载的"迟滞效应"。

（2）压-拉载荷中压载的"加速效应"。

（3）拉伸超载后压载减缓迟滞效应的"卸载效应"。

在计及谱载效应的众多计算模型中，推荐使用两种模型求解裂纹扩展寿命的方法：

1）Walker‐Chang Willenborg 模型

该模型应用 Walker 的裂纹扩展率公式，并用 Willenborg 模型计及超载的迟滞效应，以及用 Chang 模型计及压载的加速效应和卸载效应。载荷谱采用飞—续—飞谱，从初始裂纹到终止裂纹长度逐次累加计算。

引入有效应力强度因子：

$$K_{\substack{\max \\ \min}}^{\ \mathrm{eff}} = K_{\substack{\max \\ \min}} - \phi\left[K_{\max}^{\mathrm{ol}}\left(1-\frac{\Delta a}{R_y}\right)^{1/2} - K_{\max}\right]$$

式中，ϕ 为残余应力比例因子，且 $\phi = \dfrac{1-\dfrac{\Delta K_{\mathrm{th}}}{\Delta K}}{R_{s0}-1}$；

R_{s0} 为超载截止比，$R_{s0} = \dfrac{K_{max}^{ol}}{K_{max}}$；

ΔK_{th} 为应力强度因子范围 ΔK 的门槛值。

（1）对于 $\Delta K > \Delta K_{th}$，$R \geqslant 0$，有：

$$\frac{\mathrm{d}a}{\mathrm{d}N} = C\left[\frac{\Delta K}{(1-\overline{R})^{1-m}}\right]^{n}$$

式中，$\overline{R} = R$，当 $R < R_{cut}^{+}$ 时；

$\overline{R} = R_{cut}^{+}$，当 $R > R_{cut}^{+}$ 时。

（2）对于 $\Delta K > \Delta K_{th}$，$R < 0$，有：

$$\frac{\mathrm{d}a}{\mathrm{d}N} = C\left[(1+\overline{R}^{2})^{q} K_{max}\right]^{n}$$

式中，$\overline{R} = R$，当 $R \geqslant R_{cut}^{-}$ 时；

$\overline{R} = R_{cut}^{-}$，当 $R < R_{cut}^{-}$ 时。

（3）对于 $\Delta K \leqslant \Delta K_{th}$，则 $\dfrac{\mathrm{d}a}{\mathrm{d}N} = 0$。

上述各式中，R_{cut}^{+} 为正应力比截止值，R_{cut}^{-} 为负应力比截止值。

2）工程简化模型

为了减少裂纹扩展分析求解的复杂性，又能达到工程应用的要求，作如下假设和简化，用分离变量法将材料、载荷和几何这些变量分离开来，并考虑谱的效应。方法如下：

裂纹扩展率为

$$\frac{\mathrm{d}a}{\mathrm{d}N} = 10^{-4}\left[\frac{ZK_{max}}{M}\right]^{p}$$

式中，$K_{max} = \sigma_{max} \sqrt{\pi a}\, YC$。

其中，σ_{max} 为最大工作应力；

a 为对中心裂纹，为半裂纹长度；对边裂纹和孔边角裂纹，为裂纹长度；

Z 为裂纹扩展方程的总和；

M 为材料裂纹扩展许用值；

p 为材料形状参数；

Y 为综合构型因子或称无量纲应力强度因子，是 a 的函数；

C 为内力再分配因子。

裂纹扩展寿命为

$$N = \int_{0}^{N} \mathrm{d}N = \int_{a_{0}}^{a_{f}} 10^{4}\left[\frac{Z\sigma_{max} \sqrt{\pi a}\, YC}{M}\right]^{-p} \mathrm{d}a$$

应用变量分离的概念,引入一些特定参数,把载荷、材料及几何的影响分离开,简化求解上式即得到疲劳寿命。该方法把材料、几何参数、载荷等在不同设计阶段确定的参数分离,便于在不同阶段进行优化设计,加快迭代速度,适于工程应用。

采用该方法对典型连接耳片结构进行裂纹扩展寿命分析(见图 8‑17),并进行了损伤容限试验。比较可以看出,分析结果大部分落在试验结果曲线的左侧(见图 8‑18),且分布规律相似,表明分析结果可信且偏保守。

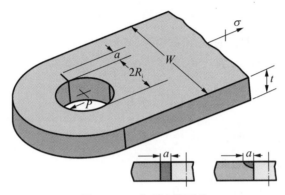

图 8‑17　典型连接耳片

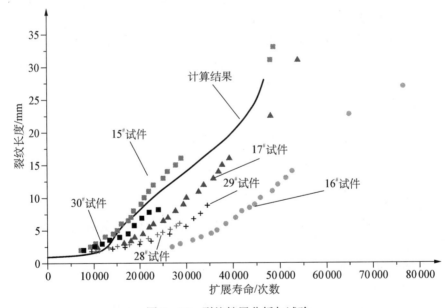

图 8‑18　裂纹扩展分析与试验

8.3　剩余强度分析方法

剩余强度是指含损伤结构在给定裂纹长度时所能承受的载荷(或应力)值,其目的是确定结构在剩余强度载荷下的最大损伤程度;或者通过分析结构的实际承载能力预测结构在一定的损伤情况下是否能够满足剩余强度载荷要求。

8.3.1 剩余强度载荷要求

含损伤结构必须承受的最大预期载荷,亦即剩余强度评定和试验验证的、由适航条例规定的载荷要求值,它是保证飞机结构安全性的最低要求。依据CCAR25.571(b)中规定的要求进行载荷计算,给出剩余强度载荷要求值。

8.3.2 剩余强度许用值

剩余强度许用值体现了带裂纹结构实际的承载能力,以$[\sigma]_{rs}$表示,它随裂纹长度增加而降低。在整个设计服役目标寿命期内的剩余强度都应当满足:

$$[\sigma]_{rs} \geqslant \sigma_{req}$$

式中,σ_{req}为剩余强度要求值。

8.3.3 允许的最大损伤

确定每个结构件按适航条例规定的剩余强度限制载荷下允许的最大损伤,即临界损伤,该损伤尺寸是裂纹扩展计算的极限,应确保在达到该损伤尺寸之前检查出来。其中双跨裂纹准则应作为重要的设计目标和要求之一,其含义是结构在中间加强件完全破坏时任意方向的双跨损伤情况下能承受限制载荷。即:

(1) 对机翼下表面,应在中间长桁断开的弦向双跨裂纹情况下承受限制载荷。

(2) 对增压机身,应在两个方向的双跨裂纹情况下承受限制载荷,即中间剪切角片断开的双跨纵向蒙皮裂纹和/或中间长桁断开的双跨环向蒙皮裂纹。

选择这个大损伤的目的是使此损伤由外部巡回目视明显可检。一般情况下,临界裂纹尺寸a_c需用迭代法求出。

剩余强度分析流程如图8-19所示。

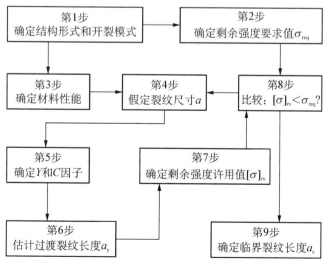

图8-19 剩余强度分析流程

剩余强度分析步骤如下：

(1) 确定构型和开裂模式。

(2) 确定按适航条例规定的剩余强度要求值 σ_{req}。

(3) 确定材料性能。

(4) 假定裂纹尺寸 a。

(5) 选取构型因子 Y 及载荷再分配因子 C。

(6) 估算过渡裂纹长度 a_y。

(7) 确定剩余强度许用值$[\sigma]_{rs}$。

(8) 比较：若 $[\sigma]_{rs} > \sigma_{req}$，则 $a < a_c$，回到(4)，增加假定的裂纹尺寸，进行(5)~(8)；反之则 $a \geqslant a_c$，进入下一步。

(9) 确定临界裂纹长度 a_c，画 $\sigma_{rs} \sim a$ 曲线，由 σ_{req} 求得 a_c(一般至少需3~4点)。剩余强度分析方法如图8-20所示。

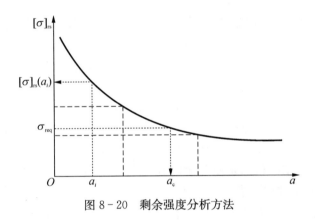

图8-20　剩余强度分析方法

8.4　广布疲劳损伤分析与评定方法初探

广布疲劳损伤(WFD)是指结构多个细节部位同时出现具有足够尺寸和密度的裂纹，而使结构不能满足§25.571(b)规定的剩余强度要求。多部位损伤(Multiple Site Damage，MSD)是 WFD 的一种，即裂纹同时发生在相同的结构元件上；多元件损伤(Mutiple Element Damage，MED)是 WFD 的另一种，即裂纹同时发生在相邻类似结构元件上。这些 WFD 的存在使结构损伤容限特性削弱，导致结构剩余强度能力显著降低而不再满足剩余强度要求。

8.4.1　广布疲劳损伤的评定要求分析

适航条例要求，必须有充分的试验证明在飞机的设计服役目标寿命期内，不会发生广布疲劳损伤。在损伤容限分析中，必须对可能出现多处损伤的部位进行分析评估，以验证含此类损伤的结构能在使用期内满足适航要求。

验证的方法：首先，通过疲劳试验证明在飞机的设计服役目标寿命期内，不会发生广布疲劳损伤;其次,进行广布疲劳损伤的分析,即对可能发生 MSD 和 MED 的部位进行裂纹扩展分析,同时确定其一旦发生后是否还能满足剩余强度的要求。

8.4.2 广布疲劳损伤的评定方法研究

1) 多处损伤的初始开裂模式假设

极端地说,由于材料缺陷和制造差错等原因,很小的裂纹有可能在第一个载荷循环就开始萌生,特别是在那些具有相似细节、在相似应力水平下的部位的所有紧固件孔处。到某个时候,这些裂纹可能会贯通,从而使一条或多条裂纹达到可检测的长度。

从实际使用或疲劳试验(特别是全尺寸疲劳试验)的拆毁检查中,可以获取多处损伤的初始开裂信息。在无经验的情况下,参考相关手册,以假设主裂纹及其同一元件或不同元件相应处的副裂纹长度来确定。

主、副裂纹相互关系的示意如图 8-21 所示。

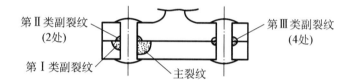

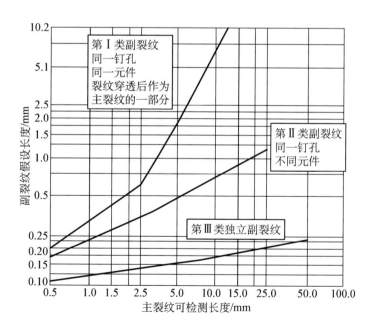

图 8-21 主、副裂纹的相互关系

2) 多处损伤的"连通"假设

在循环载荷作用下,在某些结构中一群原来可能不可检的相邻小裂纹,可能迅速汇合连接起来成为一条大的可检裂纹,这种现象称为"连通",受增压载荷的机身结构是典型的例子。它有大面积的相似细节工作在相似应力下,如沿机身长桁和纵向搭接接头,存在一排排连续的紧固件,对它们可能出现的广布疲劳损伤要进行分析评估。

国外大公司根据经验和试验认为,一旦主裂纹超过 25.4 mm (1 in),它即与其他相邻裂纹迅速连通,直至达到 127 mm(5 in)。从这以后主裂纹从 127 mm 长继续扩展,而在所有剩余紧固件中的副裂纹亦将继续扩展,如图 8 - 22 所示。"连通"现象使裂纹扩展寿命和剩余强度均大大下降,在分析中必须计及这一现象。

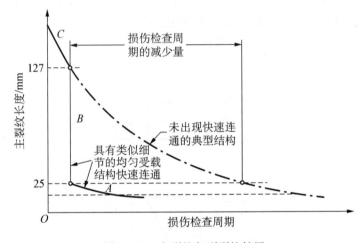

图 8 - 22   主裂纹与副裂纹扩展

8.4.3   典型加筋壁板广布疲劳损伤容限分析与验证

选择机身段顶部典型壁板的结构型式与细节进行试验研究,试件简化成平板研究,试件的尺寸 2500 mm×2528 mm,材料为 LY12 - CZ,除蒙皮外,布置了 5 个框和 5 根长桁,框距 500 mm,长桁间距 160 mm(见图 8 - 23)。试验目的是考核机身纵向搭接处广布损伤的剩余强度特性,对广布损伤的计算方法进行试验验证。

初始裂纹预制部位在内、外蒙皮搭接处第一排铆钉孔处外表面蒙皮上,其中中央对称框在该排铆钉线处断开,抗剪角片也断开,在试验件上预制主、副裂纹。主裂纹长度为586 mm,并在两端铆钉孔边冒尖,第一副裂纹长 86 mm,并在两端铆钉孔边冒尖,第二副裂纹长 60 mm,并在两端铆钉孔边冒尖。初始裂纹自左至右命名为 A、B、C、D、E,各裂纹尖端也自左至右命名为 A1、A2、B1、B2、C1、C2、D1、D2、E1、E2(见图 8 - 24)。

图 8 - 23　典型壁板结构

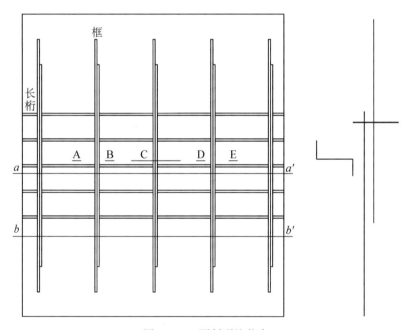

图 8 - 24　预制裂纹状态

在主裂纹与其相邻的一个副裂纹之间贴断裂丝片,分别测量各自的裂纹扩展。试验先进行主裂纹与其相邻的副裂纹连通试验,然后进行剩余强度试验。根据断裂丝片的测量结果,给出了主裂纹与其相邻的副裂纹的裂纹扩展曲线(见图 8 - 25),主裂纹与其相邻的副裂纹连通载荷为 25.6 kN,剩余强度的破坏载荷为 36.8 kN。

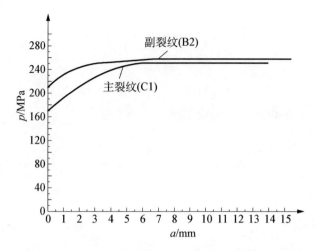

图 8-25　主裂纹与其相邻的副裂纹的裂纹扩展曲线

对试验件的剩余强度进行分析,当结构出现广布损伤后,其结果会对主裂纹的剩余强度特性产生质的影响,使主裂纹原有的破损安全特性不再存在,损伤容限能力下降,这时板的破坏由残存韧带的净面积屈服控制。

1) 净面积屈服准则方法

残存韧带长度

$$L = 2500 - 586 - 2 \times 86 - 2 \times 60 = 1622 (\text{mm})$$

铆钉削弱系数

$$\psi = 1 - \varphi/t = 1 - 3.5/25 = 0.86$$

有效残存韧带面积:

$$F = L \times \psi \times \delta = 1622 \times 0.86 \times 1.2 = 1673.9 (\text{mm}^2)$$

采用材料屈服应力,并考虑 0.8 的修正系数,剩余强度载荷:

$$P = 270 \times 1673.9 \times 0.8 = 361563 (\text{N}) = 36.16 (\text{kN})。$$

2) 断裂准则方法

LY12-CZ 板材的断裂韧度 $K_c = 102 \text{MPa} \cdot \text{m}^{1/2}$,则有 $\sigma_{sy} = K_c/(\beta(\pi a)^{1/2})$,$\beta$ 按照单裂纹形状因子进行插值得:

$$\beta = 0.78 - 0.1 = 0.68$$

$$\sigma_{sy} = 102/(0.68 \times (0.439)^{1/2}) = 127.7 (\text{MPa})$$

剩余强度载荷

$$P = 127.7 \times 2500 \times 1.2 = 383100 \text{N} = 38.31 (\text{kN})。$$

9　腐蚀环境下的损伤容限评定

9.1　腐蚀环境下的疲劳裂纹扩展规律研究

　　腐蚀环境下的损伤容限评定包括腐蚀环境下的裂纹扩展分析与剩余强度分析，疲劳裂纹扩展寿命是由宏观可检裂纹扩展到临界裂纹而发生破坏这段区间的寿命。有观点认为，在腐蚀疲劳过程中，裂纹起始所占的比例远远小于裂纹扩展期。腐蚀环境下疲劳裂纹扩展研究是腐蚀疲劳研究的重要方面，也是腐蚀环境下损伤容限设计的基础，是评估结构完整性、耐久性和可靠性以及优化结构设计的主要内容。

　　裂纹扩展速率 da/dN 受裂纹前缘的交变应力场的控制，主要是裂纹尖端的交变应力强度因子的范围 ΔK 和交变载荷的应力比 R。腐蚀对疲劳裂纹扩展的影响集中在非常局限的范围内，在腐蚀疲劳裂纹扩展阶段裂纹尖端部位主要发生的过程有反应物向裂纹尖端的运输、与新裸露金属电化学反应、有害物质吸附、有害物质向塑性区扩散和反应产物向外运输，分别对应图9-1中的1~5。图中1~5的过程描述了腐蚀疲劳裂纹扩展阶段裂尖附近发生的主要过程。

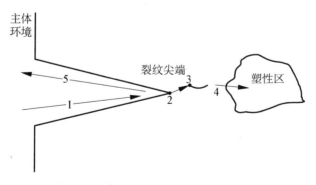

图 9-1　腐蚀疲劳裂纹扩展的主要过程

　　反应物向裂纹尖端区的输运和反应产物由裂纹尖端区向外转移，会使裂纹内腐蚀介质的成分、浓度发生变化以及裂纹内的电位发生变化；金属-环境界面反应生成有害化学物质（如氢原子），它们被吸附并扩散进入裂纹尖端前缘区加速裂纹扩展；

疲劳开裂会导致重复形成新鲜金属表面,而腐蚀又会形成腐蚀产物膜,循环应变导致裂纹尖端表面防护膜反复破裂;在裂纹张开期形成的腐蚀产物堆积起来,随后既影响裂纹内微区环境又影响裂纹闭合过程以及裂纹尖端处有效局部应力强度因子的大小;还有裂纹尖端的阳极溶解。这些过程的综合作用使腐蚀对疲劳裂纹扩展的影响十分复杂。

　　研究表明,腐蚀条件下的裂纹扩展特性曲线($\mathrm{d}a/\mathrm{d}N$ - ΔK 曲线)有图 9 - 2 所示的三种形式。

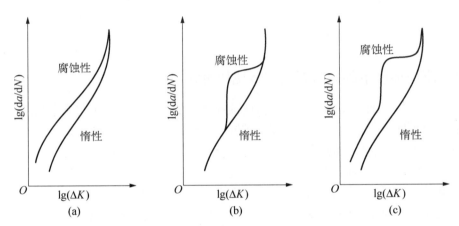

图 9 - 2　腐蚀条件下的裂纹扩展特性曲线

(a) 真腐蚀疲劳;(b) 应力腐蚀疲劳;(c) 混合型腐蚀疲劳

　　真腐蚀疲劳,即在腐蚀疲劳过程中不出现应力腐蚀,材料或构件疲劳特性的降低与应力腐蚀开裂无关而纯粹来自循环载荷与环境腐蚀的交互作用;应力腐蚀疲劳,即认为在环境与循环应力共同作用下,当应力强度因子 K_{max} 小于应力腐蚀临界应力强度因子 K_{ISCC} 时,材料疲劳行为不受环境影响,同空气中的疲劳裂纹扩展相同,当 K_{max} 大于 K_{ISCC} 时,裂纹扩展类似于静态应力作用下的应力腐蚀;大多数工程结构金属材料的腐蚀疲劳裂纹常为真腐蚀疲劳和应力腐蚀疲劳的组合,即混合型腐蚀疲劳。

　　腐蚀环境下各种因素会显著影响裂纹扩展的规律,对于民用飞机结构的疲劳关键部位等载荷水平普遍不高的情况,可以不考虑应力腐蚀的影响,在裂纹的稳定扩展阶段,可以用统一的、比较简单的裂纹扩展模型进行处理。

　　如前所述,腐蚀疲劳裂纹扩展发生在非常小的局部范围之内。裂尖金属在循环载荷和腐蚀介质的作用下发生相对滑移,裂尖腐蚀和裂尖闭合是控制腐蚀疲劳裂纹扩展的三个基本因素。每次应力循环导致的裂纹增长量包含循环载荷和腐蚀两部分的"贡献"。循环载荷的"贡献"可用类似于一般环境下的表达式(如 Paris 公式描述)表示,对于腐蚀的影响与惰性环境中每次循环的"贡献"有所差别,可用修正系数加以修正;每次循环过程中,腐蚀的"贡献"主要表现在对裂尖新金属表面的溶蚀和钝化,无论是溶蚀使裂纹进一步加长还是裂尖钝化,均可以视为改变了裂尖的应力强度因子,由于溶蚀和钝化的程度与材料的抗蚀性和腐蚀介质的强弱有关,因而应力强度因子的改变量与材料和环境有关。

9.2 腐蚀环境下的裂纹扩展分析

由于环境条件下裂纹扩展机理的复杂性,不可能准确地进行数字或公式表示,为适应工程需要,常以一般环境裂纹扩展的 Paris 公式为基础,通过环境条件下的试验进行修正。仔细分析影响裂纹扩展的因素,可采用以下三种修正方法进行分析,每种方法需要进行的环境条件下的试验不同,可针对各部位结构受腐蚀影响的情况来选择:

1) 第一种方法

一般环境条件下的裂纹扩展采用 Paris 公式描述,则腐蚀环境条件下的疲劳裂纹扩展公式可以写为

$$\left(\frac{\mathrm{d}a}{\mathrm{d}N}\right)_{\mathrm{cf}} = \gamma C (\Delta K + B)^n$$

式中,C、n 与 Paris 公式中的相同,由一般环境条件下的裂纹扩展试验数据拟合得到;

γ、B 为反映腐蚀影响的参数,与材料和腐蚀环境有关,由腐蚀环境条件下的疲劳裂纹扩展数据拟合得到。腐蚀环境下的裂纹扩展寿命则可以由以下积分形式估算:

$$N = \int_{a_0}^{a_c} \frac{\mathrm{d}a}{\gamma C (\Delta K + B)^n}$$

式中,ΔK 为裂纹长度 a 的函数;

a_0 为起始裂纹长度;

a_c 为临界裂纹长度。

2) 第二种方法

针对民用飞机各部位结构的材料、载荷和多种腐蚀介质,用标准试验件进行裂纹扩展试验。在整理试验数据时仍然仿照 Paris 公式的模式,假设 n 值保持不变,进行有条件的试验拟合,得到该结构部位在环境条件下的 Paris 公式:

$$\frac{\mathrm{d}a}{\mathrm{d}N} = C_{\mathrm{st}} (\Delta K)^n$$

式中,C_{st} 是所选材料在该部位遭受的各种腐蚀介质的综合效应和相应的应力谱作用下的裂纹扩展特性常数。一般来说有 $C_{\mathrm{st}} > C$,表示环境对裂纹扩展的加速作用。该方法只能针对各部位的具体条件由试验确定。其优点是较为真实,缺点是费时费钱,经济性差,只在飞机结构极重要的个别部位采用。

3) 第三种方法

对绝大多数飞机结构部位应当寻求一种能够普遍适用,快速经济的方法。该方法的特征是:尽量利用国内外关于航空材料在飞机结构各部位可能遭遇到的多种典型环境所取得的裂纹扩展试验数据,用组合方法直接获取环境条件下的裂纹扩展常数,不需要进行新的试验。对各具体结构部位,仍然采用 Paris 公式:

$$\frac{\mathrm{d}a}{\mathrm{d}N} = C_{\mathrm{st}}(\Delta K)^n$$

式中,C_{st} 值是由该结构部位材料在常规裂纹扩展试验获得的 Paris 公式基础上,利用了 8 种典型实验环境系数 m_{ei},再考虑到载荷谱型和频率影响系数 m_R 和 m_f,并确定该部位腐蚀环境权系数 w_{ji} 后按下列公式得到:

$$C_{\mathrm{st}} = \sum_{i,\ j} \big[(m_{ei}m_R m_f)^{-n} w_{ji}\big] C$$

式中,C、n 为 Paris 公式中材料常数;

m_{ei} 为航空金属材料在第 i 种典型腐蚀环境下,当 $R \approx 0$, $f \geqslant 5$ 时的裂纹扩展环境系数;

m_R 为交变载荷应力比 R 对 m_{ei} 的影响系数;

m_f 为低频率 $f < 5$ 对 m_{ei} 的影响系数;

w_{ji} 为腐蚀环境权系数,表示在飞机第 j 类结构(如高空、低空、重腐蚀和油箱)中,第 i 种典型腐蚀环境所占的百分数。

9.3　腐蚀环境下的剩余强度分析

腐蚀环境对剩余强度的影响表现在以下几个方面:

(1) 一般性腐蚀会削减结构件承载面积,从而降低结构静强度。

(2) 应力腐蚀开裂会随恒拉伸载荷承受时间使裂纹缓慢延伸,它受 K_{ISCC} 和 $\dfrac{\mathrm{d}a}{\Delta t}$ 控制,但不会降低材料的 K_{c} 值,因此其失稳扩展能力不会降低,即应力腐蚀开裂不影响剩余强度方法。

(3) 腐蚀疲劳因腐蚀介质的不同,其裂纹扩展率变化极大,但裂纹扩展失稳仍受到同一个 K_{c} 控制,因此腐蚀疲劳问题也不影响剩余强度分析方法。

总之,在腐蚀环境条件下裂纹体的剩余强度分析方法与正常空气中的剩余强度分析方法相同,但一般腐蚀会造成静强度的降低,从而增加带裂纹体结构的毛应力,降低其剩余强度能力。与常规剩余强度分析方法相同,一些影响 K_{c} 值的重要因素,如厚度、试件取向和受力形式、温度等,均需要认真选取。

10 疲劳与损伤容限试验验证技术

对于结构疲劳与损伤容限设计与评定,其试验的研究与验证是必不可少的,结构的设计经验与教训都是从试验和飞机服役经验中得到,因此需要通过大量的试验不断积累设计经验。在飞机的不同研制阶段,结构疲劳与损伤容限方面的试验大致可分为工程研究试验、分析方法验证试验和适航验证试验。

10.1 工程研究试验

为了使所设计的结构能尽可能地满足长寿命的要求,在按结构耐久性与损伤容限设计原则和设计要求进行结构设计以外,还需要开展结构设计、分析的工程研究试验,为结构设计、分析提供试验依据,并及早暴露设计中的薄弱部位,加以改进设计。影响结构疲劳损伤容限特性的参数和部位是工程研究试验中的关键,这些试验需要在设计阶段进行,为确定合理的结构细节提供试验依据。

10.1.1 材料性能试验

1) $\mathrm{d}a/\mathrm{d}N$ 和断裂韧性等断裂力学特性数据的测试

应对不同的材料和裂纹的形式在不同的应力循环比下测试裂纹的扩展速率 $\mathrm{d}a/\mathrm{d}N$ 和断裂韧性 $K_{\mathrm{Ic}}(K_{\mathrm{C}})$ 建立损伤容限分析的数据库,用于对主要结构件 PSE 的损伤容限分析。

(1) 平面应变断裂韧性 K_{Ic} 和平面应力断裂韧性-厚度曲线 K_{C}-B 曲线。

(2) 应力腐蚀开裂门槛值 K_{ISCC}。

(3) 裂纹扩展性能 $\dfrac{\mathrm{d}a}{\mathrm{d}N}-\Delta K$ 曲线。至少有 4 种应力比,且在 Walker 公式下的材料常数为 C, n, m, q,即

$$\frac{\mathrm{d}a}{\mathrm{d}N} = C[(1-R)^m K_{\max}]^n \qquad (R \geqslant 0)$$

$$\frac{\mathrm{d}a}{\mathrm{d}N} = C[(1-R)^q K_{\max}]^n \qquad (R < 0)$$

(4) 裂纹扩展门槛值 ΔK_{th}。

2）DFR 的截止值的测试

应对不同的材料进行 DFR_{cutoff} 截止值的测试,用于结构的疲劳分析。

10.1.2　疲劳细节与工艺试验

1）DFR 及修正系数的测试

应对使用的各种工艺方法以及结构细节连接,进行开孔的 DFR_{BASE}、DFR 各种修正系数的测试,用于对结构的疲劳分析。

2）紧固件载荷变形曲线（P-δ 曲线）试验

对各种紧固件、尺寸及不同的连接板材料、厚度,进行载荷变形曲线的测试,得到各种 P-δ 曲线,用于结构的疲劳分析。

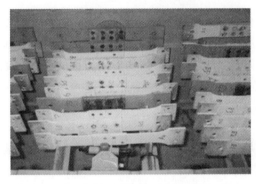

图 10-1　防护体系试验件

10.1.3　结构设计研究试验

1）防护体系试验

防护体系是结构腐蚀防护的关键,通过防护体系的试验来选择合适的腐蚀防护体系,使其满足结构设计的寿命要求。如选择典型结构腐蚀部位,进行各种待选用的防护体系的试验件进行腐蚀加速试验,如图 10-1和表 10-1 所示。

表 10-1　试验件防护体系

模拟件图号	模拟件编号	结构细节处理工艺措施及装配要求
01KT223-0102-10（外部件）	A1~A5	XYS2313Ⅲ类薄硫酸阳极化后涂 BMS10-ⅡⅠ型底漆,零件装配后涂 CA8000 面漆,XM-33 密封剂装配
01KT223-0102-20（外部件）	B1~B5	XYS2363 铝及铝合金硫硼酸阳极化后涂 PAC33 底漆,零件装配后涂 CA8000 面漆,PR776 密封剂装配
01KT223-0102-30（外部件）	C1~C5	D. Y. GF 后,正面搭接板表面涂 H06-D 底漆,其余零件表面均涂 SF-9 底漆,零件装配后涂 13-2 面漆,采用 XM-33 密封剂装配
01KT223-0103-10/1（外部件）	D1~D5	XYS2313Ⅲ类薄硫酸阳极化后涂 BMS10-Ⅲ型底漆,零件装配后涂 CA8000 面漆,XM-33 密封剂装配
01KT223-0103-10/3（内部件）	E1~E5	XYS2313Ⅲ类薄硫酸阳极化后涂 BMS10-ⅡⅠ型底漆
01KT223-0103-20/1（外部件）	F1~F5	搭接板表面 SYS2303 氢化镀镉后,涂 BMS10-Ⅲ底漆和 CA8000 面漆;模拟件表面 XYS2313Ⅲ类薄硫酸阳极化后,涂 BMS10-Ⅲ型底漆和 CA8000 型面漆
01KT223-0103-20/3（内部件）	G1~G5	搭接板表面 SYS2303 氢化镀镉后,涂 BMS10-ⅡⅠ型底漆;模拟件表面 XYS2313Ⅲ类薄硫酸阳极化后,涂 BMS10-ⅡⅠ型底漆

　　腐蚀关键部位可分为外露腐蚀关键部位(简称外部件)和内部结构腐蚀关键部位(简称内部件)。外露部位加速试验谱主要考虑湿热环境、紫外线辐射、盐雾作用、低温疲劳等因素对飞机防护体系的影响;内部结构件主要考虑含盐、酸成分的积水与潮湿空气的凝露。进行了10个周期的加速试验,试验件受到的损伤相当于飞机使用15年的损伤。

　　结果表明,涂层体系对飞机结构抗腐蚀品质起着重要作用。试件腐蚀发展过程呈现出较明显的特征和规律性,主要表现为:涂层破坏大多集中在螺钉(螺栓)连接部位及其周围的基体金属,破坏形式为这些部位涂层起泡、开裂、脱落及周围基体金属的点蚀等。但模拟件类型不同、涂层防护体系不同、材料不同、连接部位结构细节防护处理工艺措施不同,模拟件腐蚀程度也有所差异。涂装过程中涂层的原始缺陷部位,往往最先出现涂层失效。

　　由此可以得出结论,针对飞机不同部位,应采取不同的表面防护涂层体系;试验件所采取的FR底漆+面漆的措施是有效的;表面涂装的各个环节都要进行严格控制和检验,特别需要注意的是表面的预处理和施工条件;在飞机结构细节防腐设计和涂装过程中一定要特别做好紧固件连接部位的防腐处理。若考虑飞机设计服役目标为20日历年,则通过试验确定试验件防护体系可达到飞机腐蚀门槛值(10年)的要求。

　　选取上述试验中的3种典型结构进行防护涂层修理(见表10-2),然后进行加速环境腐蚀试验,综合评定腐蚀修理后防护涂层体系的防腐效果,为飞机结构防护涂层筛选、结构细节防腐设计和腐蚀修理技术措施提供试验依据,对涂装不同防护体系的飞机外部和内部结构腐蚀关键部位腐蚀后修理的防腐效果进行综合评定。

表 10-2　试验件的表面防护修理

试件图号	试件编号	修 理 内 容
01KT223-0102-10	A1～A5	除漆,然后补底、面漆
01KT223-0103-10/1	D1～D5	抽取2件除锈、换标准件,补漆;其余3件除锈,补漆。其中3件试件更换连接板
01KT223-0103-20/1	E1～E5	抽取2件除锈、换标准件,补漆;其余3件除锈,补漆

　　修理后3种类型试件腐蚀损伤部位主要集中在紧固件周围,其他区域除个别位置有针尖状涂层鼓包外,金属基体没有出现明显腐蚀,试件的整体状态基本良好。由此可以认为,3种类型外部件经过第一次修理后能够满足5年使用寿命的要求,可以达到检查间隔5年的要求。当检查发现连接部位出现腐蚀时,可采取局部打磨去除腐蚀产物并重新进行防腐处理的修理措施,对于腐蚀情况较重的零件应进行更换。

2）典型结构防腐蚀设计试验

结构的防腐蚀设计除防护体系以外，结构的细节设计也是关键的环节，不同的连接形式的防腐蚀特性会有很大的不同。

根据民用飞机结构设计和受力特点，在疲劳薄弱部位和腐蚀严重区域选取机翼壁板下翼面典型连接件（外部件）进行试验，2024-T351厚板与4330厚板连接、2024-T351薄板连接，试验件选取常用的矩形横向带孔的狗骨型试件，以双搭接的形式连接。类型Ⅰ的A、B、C三组模拟件属类型相同，结构细节处理工艺措施及涂层防护体系不同。类型Ⅱ的D组模拟件与类型Ⅲ的E组模拟件属相同涂层体系，连接板及连接部位细节处理工艺措施不同（见表10-3）。

表 10-3　典型结构防腐蚀试验件

模拟件类型	模拟件图号	模拟件编号	结构细节处理工艺措施及装配要求	试验件材料
Ⅰ	01KT223-0102-10（外部件）	A1～A5	XYS2313Ⅲ类薄硫酸阳极化后涂BMS10-ⅡⅠ型底漆，零件装配后涂CA8000面漆，XM-33密封剂装配	2024-T351 2024-T3
	01KT223-0102-20（外部件）	B1～B5	XYS2363铝及铝合金硫硼酸阳极化后涂PAC33底漆，零件装配后涂CA8000面漆，PR776密封剂装配	2024-T351 2024-T3
	01KT223-0102-30（外部件）	C1～C5	D.Y.GF后，正面搭接板表面涂H06-D底漆，其余零件表面均涂SF-9底漆，零件装配后涂13-2面漆，采用XM-33密封剂装配	2024-T351 2024-T3
Ⅱ	01KT223-0103-10/1（外部件）	D1～D5	XYS2313Ⅲ类薄硫酸阳极化后涂BMS10-ⅡⅠ型底漆，零件装配后涂CA8000面漆，XM-33密封剂装配	2024-T351
Ⅲ	01KT223-0103-20/1（外部件）	E1～E5	搭接板表面SYS2303氢化镀镉后，涂BMS10-ⅡⅠ底漆和CA8000面漆；模拟件表面XYS2313Ⅲ类薄硫酸阳极化后，涂BMS10-ⅡⅠ型底漆和CA8000型面漆	2024-T351 4130

研究相同的防护体系，不同的结构细节处理、工艺措施及装配要求对结构的防腐蚀效果进行综合评定，为飞机结构防护涂层筛选及结构细节防腐设计提供试验依据。

主要进行的试验项目包括：静强度测试，无腐蚀环境的等幅疲劳试验，预处理及环境因素对疲劳性能影响的试验，以及一部分试件不进行预处理而直接做腐蚀的疲劳试验；另一部分采用不同的预处理方法处理后做腐蚀疲劳试验、腐蚀加速环境的腐蚀疲劳试验，如图10-2～图10-4所示。

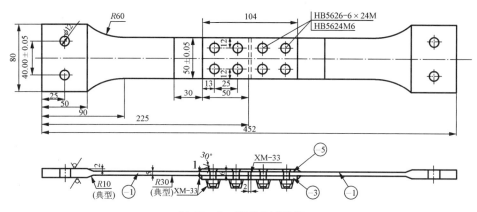

图 10-2　类型 I 试验件

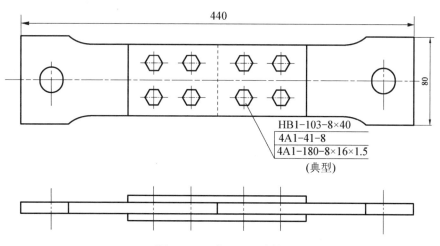

图 10-3　类型 II 试验件

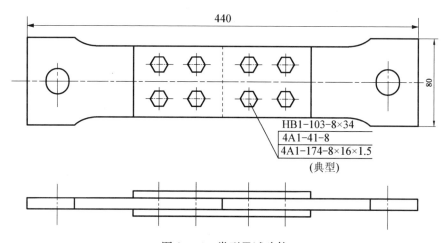

图 10-4　类型 III 试验件

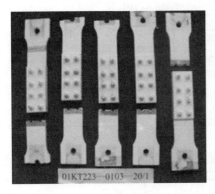

图 10-5 试验件断口

试验结果表明,紧固件连接部位(包括螺栓头部和连接孔周围)由于缝隙、异种金属接触、应力集中等因素的影响,其腐蚀情况比其他部位要严重得多,而连接部位恰恰是飞机结构腐蚀防护的薄弱环节,某些试件这些部位的防腐处理存在较明显的缺陷。紧固件头部和连接孔周围在试验过程中最先出现涂层起泡、开裂、剥落,进而基体出现腐蚀,现役大多数飞机结构中也出现了类似的腐蚀情况,如图 10-5 所示。因此建议在飞机结构细节防腐设计和涂装过程中一定要特别做好紧固件连接部位的防腐处理。

涂装不同的防腐涂层体系,飞机结构的抗腐蚀品质会有明显的差别;在腐蚀环境下涂层色差变化大小能够反映出涂层抗老化性能的好坏,色差变化越小越有利于提高涂层的抗老化性能和结构的抗腐蚀品质;涂装过程中涂层的原始缺陷部位,往往最先出现涂层失效,并进而导致基体金属产生严重腐蚀。因此在飞机结构表面涂装过程的各个环节都要进行严格的控制和检验,特别注意表面的预处理和施工条件,其中,表面涂装面漆尤为重要。

10.2 验证分析方法的试验

10.2.1 验证疲劳分析方法

1)机身蒙皮对缝的疲劳试验

选择关键的机身蒙皮纵横向对缝典型连接部位进行 DFR 试验,图 10-6 所示的机身纵向蒙皮对缝和图 10-7 所示的机身横向蒙皮对缝。研究确定该设计细节的 DFR 值,提供该细节疲劳分析用的 DFR 许用值,同时验证该细节设计是否合理,能否满足疲劳设计要求。

图 10-6 机身纵向蒙皮对缝

图 10-7 机身横向蒙皮对缝

在试验的同时对连接细节的蒙皮部位及长桁部位进行 DFR 理论分析计算,以验证计算方法及对该细节的适用性,用于指导细节部位的疲劳强度设计。

结果表明,在蒙皮与带板之间涂密封胶可能会降低结构的 DFR。将分析与试验结果比较,蒙皮 DFR 的试验结果普遍比计算结果高,表明计算是偏安全的。

2) 机身长桁对接的疲劳试验

机身典型长桁接头是民用飞机结构又一疲劳关键部位(见图10-8),对该部位进行 DFR 试验,确定该细节的 DFR 许用值,同时验证该细节设计是否合理,能否满足疲劳设计要求。对连接细节的长桁部位进行 DFR 理论分析计算,其结果为 73.67 MPa,试验结果为 75.22 MPa,两者相当接近,可见分析方法可用于指导细节部位的疲劳强度设计。

图 10-8 机身长桁对接试验件

在结构设计中,对于关键的疲劳部位、新型的结构细节、DFR 计算不准的细节等要进行 DFR 的疲劳试验,提供 DFR 许用值。

10.2.2 验证损伤容限分析方法

1) 机身壁板的损伤容限试验

按照 CCAR25.571 条款损伤容限设计的要求,壁板设计至关重要。对机身壁板进行损伤容限分析和试验,其目的是验证壁板的设计是否符合损伤容限的要求,验证损伤容限的分析方法正确性,以及检验曲面壁板在增压及双向拉伸复合载荷下,蒙皮出现初始纵向裂纹后,曲板的裂纹扩展特性及在选定的两框距裂纹长度情况下的剩余强度。

试件模拟机身顶部壁板的结构形式,以此作为试件的基本构型(见图10-9)。试件由蒙皮、5个框和8根长桁组成。框距 500 mm,桁距 160 mm,曲板半径 1 435 mm,试件中心沿纵向有一条 50 mm 的预制裂纹。为了实现充压,在裂纹区域试件内侧,用橡皮密封裂纹,橡皮上贴有薄铝板。

结果表明,在内压及双向拉伸载荷作用下,壁板裂纹扩展试验值与手册给出的计算值两者相比较接近,这说明在分析中

图 10-9 机身壁板损伤容限试验

可采用手册的分析方法。剩余强度试验表明结构在双向拉伸载荷与内压联合作用下满足剩余强度要求,特别是采用 Z 形长桁与剪切角片与机身连接的结构。裂纹扩展的试验寿命值与分析寿命值相近,可以采用此方法进行损伤容限的分析。

图 10 - 10　机翼壁板损伤容限试验

2）机翼壁板的损伤容限试验

机翼壁板的损伤容限设计同样需要通过试验（见图 10 - 10）来验证其特性能否满足要求。试件是模拟机翼下壁板的结构细节，由一块厚度为 4 mm 蒙皮和 7 根 Z 形长桁组合成的加筋壁板，如图 10 - 11 所示。对中央桁条断裂、单裂纹剖面的裂纹扩展进行计算，其分析和试验结果为设计提供了依据，如图 10 - 12 所示。

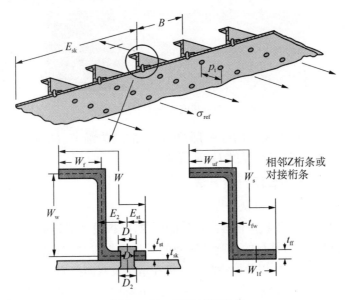

图 10 - 11　壁板结构形式

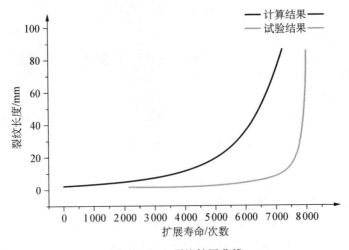

图 10 - 12　裂纹扩展曲线

10.2.3 载荷谱截取试验

对于低载截除的载荷水平,需要从安全性和经济性两方面来考虑。如截除的载荷值较低或不截除,则试验周期很长,试验成本过大,且不能很快得到试验结果,甚至限制了飞行;如截除的载荷值过高,则会漏掉一些载荷循环带来的损伤,带来不安全隐患。

采用 TWIST 的方法,就是对机翼应力水平最高的细节部位,通过进行低载截除的试验确定不大于删除的交变应力。

试验选取典型的细节,进行以下几种载荷谱简化下的疲劳试验,直到破坏,记录试验寿命。

(1)按最高在和最低载分成 5 级编制载荷谱。

(2)5 级全部施加进行疲劳试验。

(3)只加 4 级进行疲劳试验。

(4)只加 3 级进行疲劳试验。

(5)只加 2 级进行疲劳试验。

分析试验结果,如得到基本相当的试验寿命时,则低载可以删除。如施加 5 级和 4 级得到的试验寿命基本相当,而施加 3 级得到的试验寿命要长些,这意味 3 级及以下载荷对损伤没有影响,可以删除。

10.3 适航符合性验证试验

适航符合性验证试验就是要验证 CCAR25.571 条款的要求,对于 b)、c)款的验证试验项目确定需要从以下技术途径进行分析:

(1)验证试验需要考虑所有的结构(如机翼、尾翼、操纵面及其系统,机身、发动机架、起落架以及上述各部分有关的主要连接)。

(2)根据对这些结构的分类确定验证 b)款的试验项目和验证 c)款的试验项目。

(3)前主起落架是属于安全寿命的结构,分别进行疲劳试验,验证其寿命满足设计服役目标的要求,验证 c)款的符合性。

(4)对于机体主要结构部件,如机翼、尾翼、机身,一般采用全尺寸疲劳试验,验证 b)款的符合性。有时为了加快试验进度,也会分成尾翼的疲劳试验和机翼机身的疲劳试验。分开能是否可加快试验进度,还与结构的连接形式有关,如是分散式的连接则不适合分开试验。

(5)对于操纵面及其连接、发动机架及其连接等会单独进行疲劳试验。

(6)操纵系统及其作动器单独进行疲劳试验。

(7)起落架与机体的连接是介于损伤容限结构和安全寿命结构之间的连接细节,需要根据机体的连接接头所用的材料,损伤容限分析的结果(裂纹是否可检,是否是缓慢裂纹扩展结构,是否有较长的临界裂纹尺寸,是否满足剩余强度要求)来判定适合于何种结构类型,并经过适航的批准,并按确定的结构类型进行试验。试验可以与起落架或机体一起进行。

10.4　全尺寸结构疲劳试验飞行任务剖面确定

依据 CCAR25.571"结构的损伤容限和疲劳评定"中的"a)总则"和"b)损伤容限评定"条款的要求需进行全尺寸疲劳和损伤容限试验,验证飞机结构的疲劳和损伤容限特性,确定结构检查大纲,并证实飞机在其设计服役目标寿命期内不会产生广布疲劳损伤。

10.4.1　全尺寸结构疲劳试验飞行任务剖面确定

通常设计要求和目标(DR&O)是按照短程、中程和远程飞行,通过研究和分析发现,大多数结构的疲劳是按短程飞行任务设计。同时也发现,某些结构的局部细节部位对远程飞行任务敏感,因此需要进行一些补充的疲劳分析。

因为短程飞行对疲劳是最危险的(需知疲劳是每次飞行的损伤乘以飞行次数的综合效应),倾向于全尺寸疲劳试验的任务剖面向短程飞行靠拢。疲劳试验用的任务剖面或许不是严格意义上的设计要求和目标(DR&O)所给出的短程剖面,但通常情况下两者非常接近,试验谱就是这个飞行的代表。

10.4.2　最小设计服役目标的确定

分析研究美、欧等航空发达国家和地区设计的几种典型民用飞机结构疲劳试验用的飞行任务剖面及相关的全尺寸疲劳试验概况(见表 10-4),归纳并综合分析这些资料,可得如下几点结论:

表 10-4　典型的民机使用的飞行任务剖面

制 造 商	机型	疲劳试验任务剖面	试验剖面长度/h
原道格拉斯公司 (Douglas)	DC-9	介于超短程和中程之间的短程剖面,或中程剖面	0.75 或 1.0
原麦道公司 (McDonnell Douglas)	DC-10-10	相当于中程的混合飞行剖面	1.43
波音公司 (Boeing)	B747	相当于中程的混合飞行剖面	3.00
	B757	比预期使用的中程任务短些的飞行剖面	1.00
	B767		
	B7J7	因故下马,未进行全尺寸疲劳试验	
	B777	近乎短程的飞行任务	1.36
福克公司 (Fokker)	F-27	比中程稍短的"平均使用任务"	1.13
	F-28	代表短程飞行的"当量飞行任务"	0.52
空中客车公司 (Airbus)	A300	出现概率为 50% 的飞行任务	1.08

（1）不论试验飞行任务剖面是用加权平均方法导出的混合飞行任务剖面还是从基本的预期使用任务剖面中挑选的某个剖面,其飞行长度(小时)均满足下面的不等式:

典型短程任务长度≤试验剖面长度≤典型中程任务长度

且 50％以上的试验剖面长度在下面的开区间之内:

典型短程任务长度＜试验剖面长度＜典型中程任务长度

上述典型短程任务长度和典型中程任务长度是对所设计飞机的预期服役情况而言的。

（2）波音公司设计的飞机,从 B747 的相当于中程的混合飞行剖面到 B757、B767 的比预期使用的中程短些的飞行剖面再到 B777 的近乎短程的飞行任务,体现了波音公司的如前所述的设计思想和当今试验用飞行任务剖面的发展趋势:短程飞行对疲劳最危险,倾向于全尺寸疲劳试验的任务剖面向短程飞行靠拢。同时可以看到,约在 20 世纪 70 年代中期以后,波音公司已不再采用混合飞行任务剖面进行试验。

（3）一旦试验剖面选定,全尺寸疲劳试验要严格按选定的剖面进行规划和实施:对按损伤容限要求设计的结构,一般要求试验到不低于所选试验剖面对应的最小设计服役目标(Minimum Design Service Objectives, MDSO)的 2 倍;对安全寿命结构如起落架,则要求试验到 3～4 倍不等。

无论按前面所定义的短程、中程还是远程飞行都要求至少能服役 20 年,也就是说,对短程、中程和远程飞行中的最严重者要求至少能服役 20 年。图 10-13 用来确定以 20 年中的总飞行次数表示的最小设计服役目标,这些最小设计服役目标与

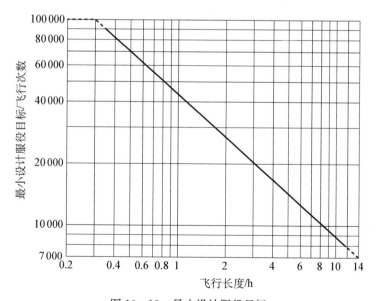

图 10-13　最小设计服役目标

短程、中程和远程飞行的飞行长度(小时)相对应。对于那些其训练飞行载荷与短程商业运营的载荷大致相同的结构,这些准则包含了训练飞行的次数。对于那些训练飞行载荷(如发动机停车情况的载荷)比短程商业运营的载荷严重得多的结构,则要将附加的1000次训练飞行的载荷产生的损伤与短程商业运营载荷产生的损伤进行复合。

10.5　全尺寸疲劳和损伤容限试验的实施方案

10.5.1　试验目的

(1) 试验本身是为了检验疲劳强度的分析方法。用合格的试验方法对一个代表性的试件(按标准而经批准的工艺流程生产的合格产品)进行全尺寸试验,将所得到的试验结果与分析结果进行比较可判断分析方法的准确性,同时可得到一个经试验验证的最小设计服役目标。

(2) 符合 CCAR25.571 条款的要求,证明在飞机设计服役目标寿命期内不会产生广布疲劳损伤(目前为止,广布疲劳损伤的评定主要依赖于试验)。

(3) 从损伤容限设计与评定方法的角度出发,全尺寸结构疲劳试验可为损伤容限评定和结构检查大纲的制订(检查门槛值、检查间隔等)提供试验依据。

(4) 通过全尺寸疲劳试验,发现用分析方法未曾发现的薄弱部位,以便及早采取设计补救措施,进行更改。

10.5.2　试验内容及步骤

依据试验目的,试验内容一般包括疲劳试验、损伤容限试验(裂纹扩展和剩余强度)。根据飞机使用情况分析选择有代表性任务剖面,按最小设计服役目标确定试验载荷谱。

1) 疲劳试验

按照飞—续—飞载荷谱加载试验。试验中若次要结构部位损伤应及时修理后继续试验,直到主要结构部位(PSE)出现可检裂纹转入裂纹扩展试验,或试验到 2 倍设计服役目标寿命。

当可检的主要结构部位(PSE)出现非临界损伤,为了获得机体结构总的试验寿命,可以采取暂时修补或永久性修理措施,到裂纹扩展试验时对主要验证部位的裂纹损伤解除暂时修补,进入裂纹扩展试验。

2) 损伤容限(裂纹扩展)试验

裂纹扩展试验用的载荷谱,可视情况对疲劳试验载荷谱进行简化,也可继续使用原疲劳试验载荷谱。裂纹扩展试验过程中采用切实可行的手段检测裂纹的扩展和应变的跟踪测量。进行适时分析,估算满足剩余强度要求的临界裂纹长度,确定终止裂纹扩展试验的时间,随后转入剩余强度试验。

3) 剩余强度试验

根据结构裂纹扩展试验的结果,针对主要裂纹出现的部位和结构关键部位,确定出相应的剩余强度试验载荷情况,进行剩余强度试验。

10.5.3 试验结果的分析与判断

1）试验结果的判断和使用

（1）飞机结构做疲劳试验，在1倍设计服役目标寿命期内一般不允许出现裂纹，这样才能保证通过实施结构检查大纲和结构修理，实现经济的、能达到设计服役目标寿命的飞机结构。若过早出现裂纹，则飞机的寿命很难达到设计服役目标值，用户将无法接受这样的飞机，从而没有市场。此时必须更改出裂纹的结构。

（2）疲劳试验中在1~2倍设计服役目标寿命期间可能会出现裂纹，这时需分析出裂纹的部位。按照次要结构、主要结构件PSE、广布疲劳损伤进行分类分析与判断。

（a）如果次要结构出现了疲劳裂纹，分析原因，是不合理的结构设计导致的，为了进行试验，要修理并作观察，同时要改进设计，避免成为薄弱部位。对已出厂的飞机需要根据试验结果并结合C检适时修理。

（b）若主要结构部位（PSE）出现了裂纹，要记录裂纹出现时间，转入裂纹扩展试验，或进行暂时修理后继续试验。经过分析后对结构加以改进，使之寿命增加，所有改进设计后的结构需要重新进行试验验证。对已出厂的飞机需要根据试验结果并结合C检适时修理。

（c）若出现了广布疲劳部位的裂纹，则疲劳试验将停止，不能满足目标要求，最后飞机的设计服役目标值将减少，以发现广布疲劳裂纹的试验寿命除以2得到。对于此种情况应立即进行结构更改，然后重新进行试验。

检查门槛值是根据无裂纹试验寿命除以2得到，但不能大于设计服役目标寿命的一半。总结国外多种飞机疲劳试验的经验，如果PSE部位在非常接近2倍设计服役目标寿命试验时出现了裂纹，如果采取改进设计，使其在2倍寿命期间不再出现裂纹，即可不作为PSE来处理，以降低维修成本。

（3）疲劳试验达到2倍设计服役目标寿命时，任何PSE部位都没有出现裂纹，继续疲劳试验，如果PSE出现裂纹则转入裂纹扩展试验。如果到达3倍（高出10%）设计服役目标寿命时仍未出现裂纹，则通过分析选定某个或某些部位制造人工裂纹，转入裂纹扩展试验。

（4）裂纹扩展试验中记录裂纹扩展速率，分析临界裂纹长度，确定是否停止裂纹扩展试验转入剩余强度试验。

（5）试验结束后拆毁检查可能发生广布疲劳损伤的部位，判断在2倍设计服役目标寿命期内是否发生了WFD。若有发生应对结构进行改进设计，并通过试验来验证。

2）试验结果在非试验任务剖面中的应用

试验剖面确定后，全尺寸疲劳试验就是要严格按确定的剖面进行实施。由于 $MDSO$ 是飞行长度的函数，试验所验证的最小设计服役目标 $MDSO_{验证}$ 与试验剖面的长度 $h_{试验}$ 互相对应。$MDSO_{验证}$ 可能不同于初始设计阶段所确定的 $MDSO$，通常将航线运营飞机的已服役期与 $MDSO_{验证}$ 进行比较，如图 10-14 所示。

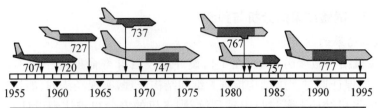

型号	飞机总数	MDSO▷		高龄飞机▷	
		飞行次数	飞行小时	飞行次数	飞行小时
707	733	20 000	60 000	36 400	90 800
720	153	30 000	60 000	45 000	69 300
727	1 822	60 000	50 000	76 700	75 600
737	2 856	75 000	51 000	91 600	82 900
747	1 103	20 000	60 000	33 700	104 500
757	752	50 000	50 000	26 300	50 300
767	654	50 000	60 000	32 100	58 800
777	70	44 000	60 000	3 700	8 000

▷₁ 用于原型机。某些衍生型/客户构型飞机的 MDSO 可能不同于原型机。

▷₂ 高龄飞机可能是那些具有不同 MDSO 的衍生型/客户构型飞机。

图 10 - 14　营运飞机的服役期与 MDSO

因此，$MDSO_{验证}$ 是一个重要的指标，是经过试验验证的，结构检查大纲中的数据都是根据 $MDSO_{验证}$ 得到，说明所选取的试验剖面长度 $h_{试验}$ 对服役中的飞机具有广泛的代表性。$MDSO_{验证}$ 与 MDSO 的吻合程度是疲劳分析水平的表征，用 $f_{验证}$ 表示，使其逼近是努力的目标：

$$f_{验证} = (MDSO_{验证}/L_{分析寿命})_{试验剖面}$$

对于非试验剖面的结论可采用类似的方法近似地计算非试验剖面的推断性试验值

$$MDSO_{试验推断} = f_{验证} \times (L_{分析寿命})_{非试验剖面}$$

式中，$L_{分析寿命}$ 为疲劳强度裕度为 0 时导出的分析寿命；

　　　　$MDSO_{验证}$ 为经全尺寸疲劳试验验证所达到的寿命；

　　　　$f_{验证}$ 是基于全尺寸疲劳试验剖面进行疲劳试验所得到的试验验证系数；

　　　　$MDSO_{试验推断}$ 为全尺寸疲劳试验完成后，根据试验剖面得到的系数 $f_{验证}$，对飞机结构的其他剖面的推断寿命。

10.5.4　疲劳和损伤容限试验检查

在整个试验过程中，采用目视或其他辅助手段观察试验状况，以便及时发现结构裂纹的产生并跟踪裂纹的扩展，关注异常情况的出现，避免飞机结构发生无预见性的突然破坏。试验中按照预先分析确定的检查间隔和检查方法在相应试验寿命期间进行检查，并在其中间时间段加入更精密的试验室检查手段，以防止漏检而导致试验失败。

11 离散源损伤容限评定

11.1 离散源的类型及相关适航条款

11.1.1 离散源的类型

分析研究适航条款对离散源损伤的要求,依据 CCAR25.571(e)条款,飞机可能遭受离散源损伤的类型主要有:

(1) 鸟撞。

(2) 转子爆破。

(3) 轮胎爆破。

(4) 雷击损伤。

对于可能遭受以上离散源损伤的结构部位都是需要从设计、分析与验证等方面来证明其符合条款的要求,是能保证飞机安全飞行的。

11.1.2 相关适航条款

上面已谈到§25.571(e)是离散源损伤的主条款,除此之外,涉及鸟撞、转子爆破、轮胎爆破还有其他条款。

1) 涉及鸟撞损伤的条款

涉及鸟撞的还有§25.631和§25.775条款。

(1) §25.631 鸟撞损伤。

尾翼结构的设计必须保证飞机在与 3.6 kg(8 lb)重的鸟相撞之后,仍能继续安全飞行和着陆,相撞时飞机的速度(沿飞机飞行航迹相对于鸟)等于按§25.335(a)选定的海平面 V_c。通过采用静不定结构和把操纵系统元件置于受保护的部位,或采用保护装置(如隔板或吸能材料)来满足本条要求是可以接受的。在用分析、试验或两者的结合来表明符合本条要求的情况下,使用结构设计类似的飞机的资料是可以接受的。

(2) §25.775 风挡玻璃和窗户。

(b) 位于正常执行职责的驾驶员正前方的风挡玻璃及其支承结构,必须能经受住 1.8 kg(4 lb)的飞鸟撞击而不被击穿,此时飞机的速度(沿飞机航迹相对于飞鸟)等于按§25.335(a)选定的海平面 V_c 值。

（c）除非能用分析或试验表明发生风挡玻璃破碎临界情况的概率很低，否则飞机必须有措施将鸟撞引起的风挡玻璃飞散碎片伤害驾驶员的危险减至最小，必须表明驾驶舱内的下列每块透明玻璃都能满足上述要求：

① 位于飞机正面的。

② 对飞机纵轴倾斜 15° 或更大的。

③ 其某一部分的位置会导致碎片伤害驾驶员的。

2）转子爆破

涉及转子爆破的还有 §25.903（发动机）条款。

（1）§25.903 发动机。

（d）涡轮发动机的安装。

对于涡轮发动机的安装有下列规定：

必须采取设计预防措施，能在一旦发动机转子损坏或发动机内起火烧穿发动机机匣时，对飞机的危害减至最小。

3）轮胎爆破

涉及轮胎爆破的还有 §25.729 收放机构、§25.963 燃油箱条款。

（1）§25.729 收放机构。

（f）轮舱内设备的保护。

位于轮舱内且对于飞机安全运行必不可少的设备必须加以保护，使之不会因下列情况而损伤：

① 轮胎爆破（除非表明轮胎不会因过热而爆破）。

② 轮胎胎面松弛（除非表明由此不会引起损伤）。

（2）§25.963 燃油箱。

（d）机身内的燃油箱在受到 §25.561 所述应急着陆情况的惯性力作用时，必须不易破裂并能保存燃油。这些油箱的安装位置必须有防护，使油箱不能擦地。

（e）油箱口盖必须满足下述准则，以防止燃油的流失量达到危险程度。

位于经验或分析表明很可能遭受撞击的区域内的所有口盖，必须通过分析或试验表明，其遭受轮胎碎块、低能量发动机碎片或其他可能的碎片打穿或造成变形的程度已降至最低。

11.2　抗离散源损伤的设计理念

11.2.1　抗离散源损伤的设计理念

飞机遭受离散源损伤是小概率事件，是不可避免的，但设计中是必须考虑的。抗离散源损伤的设计从以下几方面来分析和考虑：

（1）结构应设计成能抵抗离散源的撞击，或撞击后的损伤结构仍然能满足 §25.571（e）款的剩余强度要求，飞机能安全完成本次飞行。

（2）在遭受离散源撞击后，其损伤结构在满足 §25.571（e）款的剩余强度要求的情况下,其内部的设备及系统还具有一定的安全性等级,仍然能保证飞机安全返回。

(3) 在遭受离散源撞击后,其损伤结构还能满足§25.571(e)款的剩余强度要求,但其内部的设备及系统已不具备安全性要求了,飞机不能安全返回了,此时需要更改结构设计,使其能够抵抗离散源的撞击而不破坏,或能保护内部的设备及系统具有所需的安全等级。

11.2.2 离散源损伤容限设计要求

(1) 飞机总体布置时,将影响飞行安全的系统避开遭离散源损伤的部位布置。

(2) 若无法避开离散源损伤部位的系统,需要进行多余度或备份设计,必须设计保护装置或结构,使其处于保护位置。

(3) 采用吸能材料。

(4) 采用结构大变形吸收撞击能量。

(5) 避免结构刚度突变和硬点。

(6) 受到撞击力后,要将结构设计成首先产生变形或发生屈曲,而不是先断裂或紧固件断裂破坏。

(7) 受撞击后在使得结构发生屈曲时,要注意细节的设计,即让结构先发生局部屈曲,而非总体屈曲。

(8) 受撞击部位的结构连接尽量使用高锁螺栓而非铆钉。

(9) 相连接的结构刚度要匹配。

(10) 对于保护系统的结构,要设计成吸收撞击能量的,可采用吸能材料和通过结构变形吸能。

11.3 离散源损伤容限评定步骤

11.3.1 离散源损伤容限的评定框图

根据规章对遭受离散源损伤的结构安全性要求,对离散源损伤的结构采取如图11-1的评定流程,给出结构符合要求的结论。

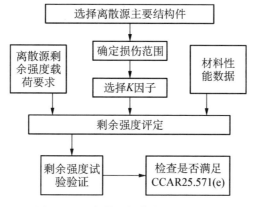

图 11-1 离散源损伤容限评定流程

11.3.2　损伤容限（离散源）的评定步骤

损伤容限（离散源）评定步骤如下：

（1）选择离散源主要结构件（Discrete Source Principle Structural Element，DSPSE）。按照 CCAR25.571(e)条款的离散源类型来确定这类 PSE。

（2）确定损伤范围。按照离散源的类型确定可能的损伤范围，如切断一根长桁或框或肋。

（3）确定离散源剩余强度载荷要求。应保证飞机发生离散源损伤后仍能安全返回（飞行员可感知发生了离散源损伤），同时分别考虑损伤发生时和发生后的状态。损伤发生时客舱要考虑泄压阀处于最大泄压位置时的压差、气动压力和 1g 飞行载荷的组合；损伤发生后要能承受返航的机动、突风与着陆载荷。

（4）获得剩余强度分析中需要的材料性能数据。

（5）选择 K 应力强度因子。

（6）剩余强度分析。

（7）剩余强度试验验证。对 DSPSE 中特别重要的部位，应进行全尺寸结构的试验验证。

（8）检查是否满足 CCAR25.571(e)条款的要求。对各部位在规定的损伤范围给出是否满足离散源剩余强度要求的结论。

11.4　离散源损伤的强度载荷确定

离散源损伤的结构在强度分析时需要考虑两种状态：一是离散源损伤发生时的状态；二是带损伤的结构安全返回的状态。

在离散源发生的那个时刻，飞机正按照正常的飞行程序飞行着，因此强度应按考虑安全系数的极限载荷进行校核。当发生离散源损伤后，一般飞行员是感知的，因此结构应能承受返回剖面的剩余强度载荷。

11.4.1　发生离散源事故时刻的载荷确定

按照飞机正常飞行包线所确定的载荷状态计算载荷，并考虑以下状态：

（1）飞机 1.1 倍的使用压差加上加速度为 1g 平飞时预期的外部气动压力，并与 1g 飞行载荷的组合。

（2）假设 1g 平飞的飞机要能够承受遭受离散源损伤时的任何机动飞行，要考虑任何可能的损伤对飞行控制和飞行员正常纠正动作的影响。

11.4.2　离散源剩余强度载荷确定

离散源损伤发生后，需要飞机安全地完成该次飞行。由于一般情况下发生离散源损伤，飞行员是可以发觉的，或有信号反馈，此时飞行员需要按照确定的返回任务剖面飞行，采取降低高度、避开湍流、减小机动等措施完成带损伤结构的安全返回飞行，此时损伤飞机需要承受该次飞行的剩余强度载荷。因此，剩余强度载荷是按照

飞机返回任务剖面确定的,按以下状态考虑:

(1) 单独考虑70%的限制机动飞行载荷、规定速度下40%限制突风速度(垂直和侧向),并考虑每种与最大座舱压差的组合(包括预期的外部气动压力)。

(2) 飞机必须通过分析证明由于离散源损伤导致结构刚度变化,在直到V_d/M_d都不会发生颤振。

11.5　鸟撞的分析与验证

11.5.1　鸟撞条款的理解

1) §25.571条款理解

飞机上除了尾翼按§25.631条款执行外所有可能遭受鸟撞击的结构部位按§25.571执行,这些结构部位受到1.8 kg(4 lb)重的鸟的撞击,飞机与鸟沿着飞机飞行航迹的相对速度为海平面V_c和2 450 m(8 000 ft)高度上的0.85V_c中的较大者。撞击后要满足以下两个条件:

(1) 如果结构出现了变形或损伤,则变形或损伤后的结构须满足相应静强度载荷工况的要求和剩余强度要求。

(2) 如果撞击部位的变形或损伤会伤及此部位的系统件,则须对此部位做系统安全性分析,如果系统安全得不到满足,则须更改结构或避开关键的系统件。

2) §25.631条款理解

与§25.571条款不同的是,尾翼结构受到撞击的鸟的重量为3.6 kg(8 lb),鸟与飞机的相对速度为海平面V_c。尾翼前缘遭受鸟撞后,须满足下列两个条件:

(1) 系统安全:关键的操纵系统元件须置于受保护的部位,或采用保护装置(如隔板或吸能材料)来保证系统元件不会受到损伤,即避开关键的操纵系统元件;次要的系统元件须做系统安全性分析,如果系统安全得不到满足,则须更改结构或避开次要的系统件。

(2) 结构安全:如果不能保证尾翼安定面的前梁不受损伤,须确保受损伤的前梁能满足剩余强度要求。

3) §25.775条款理解

此条款考核的是飞机风挡玻璃及其支承结构,此部位的设计目标为:风挡玻璃和支承结构(即天窗骨架)必须能经受住1.8 kg(4 lb)的飞鸟撞击而不被击穿,飞机与飞鸟沿飞机航迹的相对速度为海平面V_c。关闭此条款须满足下列两个条件:

(1) 风挡玻璃经飞鸟撞击后不能被击穿。

(2) 飞鸟击中风挡后,支承结构(即天窗骨架窗框)不能被击穿破坏,如果出现裂纹或损伤,则须满足剩余强度要求。支承结构(即天窗骨架窗框)须同时满足§25.571和§25.775两个条款,此条款结合§25.571条款一起进行适航符合性验证,并一起关闭。

11.5.2　可能遭受鸟撞的部位

根据适航条款要求,飞机可能遭受鸟撞的部位一般会有机头、机翼前缘、襟翼、平尾和垂尾前缘、发动机短舱唇口、雷达罩等,有时还需要考虑起落架。

这些部位都要考虑受到鸟的撞击后飞机的安全性,同时要考虑飞机的不同迎角、活动面不同的位置等。

11.5.3　鸟撞的验证思路

符合适航要求的准则就是飞机遭受鸟撞后能安全返回,即结构满足剩余强度要求,系统安全性分析满足要求。为了满足适航要求,鸟撞的符合性验证可以通过以下技术途径来达到。

1) 对各部件进行鸟撞动力学分析

建立鸟撞动力学模型,对各部件进行鸟撞动力学分析,分析的步骤如下:

(1) 建立鸟撞动力学模型,选择所有可能遭受鸟击的点进行分析,分析的方法(模型建立、参数选择、分析软件)要经过试验验证,确保所建立的动力学模型和分析方法能较为真实的模拟实际的鸟撞。

(2) 根据 CCAR25 部规章条款要求,根据实际飞机设计速度包线确定各部件的鸟体质量与鸟撞速度。

(3) 考虑飞机的各种姿态(迎角、活动部件位置等),用动力学分析软件对各部件中所有可能遭受鸟击的部位进行鸟撞分析。

(4) 根据鸟撞分析结果给出各部件结构损坏的部位或区域,并从众多的分析部位中筛选出严重的和有代表性的鸟击部位进行鸟撞验证试验。

2) 对损伤部位进行结构的安全性分析

根据鸟撞动力学分析的结果,对相应损伤的部位进行结构的安全性分析,进而确定结构是否满足安全要求。

(1) 如果结构的关键部位仅仅变形,没有出现裂纹或破坏,则变形后的结构须满足相应静强度(剩余强度载荷工况按静强度校核)的要求。

(2) 如果结构的关键部位出现裂纹或损坏,则须对损伤结构进行剩余强度分析。如剩余强度满足要求,则认为结构是安全的,否则需要更改结构。

3) 对鸟撞部位进行系统安全性分析

根据鸟撞可能影响的区域,确定这些部位内部的所有系统与设备,再根据各系统的安全性分析给出这些系统的安全等级,然后再根据飞机级的安全性分析给出飞机的安全性等级。

总之,如果撞击部位的变形或损坏会伤及此部位的系统件,则须对此部位作系统安全性分析,如果系统安全得不到满足,则须更改结构或避开安装关键的系统件。最后按照各鸟撞点独立发生的事件进行飞机级安全性分析,给出遭受鸟撞后的飞机级安全性分析结论。

4）确定试验鸟击点

根据动力学仿真软件对飞机可能遭受鸟撞区域的分析，并结合飞机结构和系统的安全性分析结果，选择需要进行试验验证的鸟击点，选择的试验鸟击点须是相应部件危险的部位和以往航空界公布的鸟撞事故中发生频率最高的部位，并能代表或涵盖该部件的鸟击情况，并经过适航当局的认可。

5）给出试验合格判据

根据飞机结构和系统的安全性分析结果给出各部件鸟撞试验各撞击点的试验合格判据，如结构是否允许破坏、结构最大允许变形等。

6）试验验证

（1）编制各部件试验的鸟撞试验大纲，经适航局批准后进行鸟撞试验验证。

（2）试验件及其支持结构应为符合图纸和相关技术条件的全尺寸生产件，试验件的安装应能模拟结构支持刚度、连接情况和在飞机上的相对位置，试验件安装的紧固件应与真实结构相同。

（3）比较理论分析和试验验证结果，最终以试验结果为准，并以试验结果修正和完善理论分析。

（4）鸟撞试验后，对出现损伤的结构需按照CCAR25.571（e）条进行剩余强度计算分析，以确定结构强度足以保证飞机成功完成该次飞行。根据鸟撞试验结果，确定是否需要对结构进行剩余强度试验，并发出试验任务书及试验大纲。

11.5.4 鸟撞的分析

鸟撞分析的目的是确定结构在受到鸟撞击后结构是否有损伤或损伤程度如何，通过分析选择进行鸟撞试验的鸟撞点。

采用动力学分析方法建立动力学模型，常用的动力学分析软件有 DYNA、PAM-CRESH，每种软件的使用关键在于模型的建立，并通过试验验证建模的技术。鸟撞的分析模型如图 11-2～图 11-4 所示。

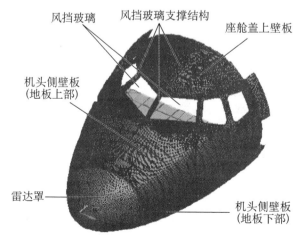

图 11-2　机头鸟撞动力学分析模型

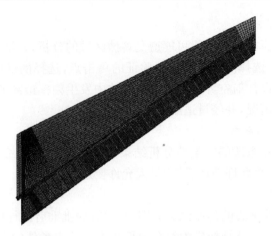

图 11 - 3　平尾鸟撞动力学分析模型

图 11 - 4　缝翼鸟撞动力学分析模型

各种参数的选取,如铆钉单元建立及参数调整、结构网格调整、鸟体模型建立和参数调整、材料参数调整、紧固件的模拟、摩擦因数调整。这些参数需要进行大量的基础试验来确定,并逐步得到验证。如进行材料的动态特性测试、紧固件及连接的动力学特性测试等。

11.5.5　结构剩余强度分析

对受鸟撞影响比较危险的区域进行剩余强度分析。建立损伤情况的有限元模型,分析得到细节部位的应力,再进行相应细节部位的剩余强度分析,给出该损伤结构是否满足剩余强度要求,若不满足要求,则需要对结构进行加强使其满足剩余强度要求。同时给出该细节部位可承受的临界裂纹长度,用于鸟撞试验后的剩余强度能力的判断。

11.5.6　系统安全性分析

(1) 根据鸟撞分析得到的结构损伤情况,确定可能受到损伤的系统设备、系统管路、电缆等。按照各鸟撞点撞击后受损伤的区域对涉及的系统进行划分。

(2) 根据各系统的安全性分析给出结论。安全性分析是建立各系统的故障树,当某一环节出现故障后,根据故障树最后得出该系统的故障等级。一级是灾难性的,二级是危险的,三级是不影响安全返回。

(3) 根据列出的系统设备、系统管路、电缆,分别给出各系统的安全性分析结论。如果结论在三级以下,则可以接受。

(4) 当各系统分析结论在二级或以上,需要进一步分析各系统的综合结果,也就是飞机级的安全性分析。同样它是将各系统组成一个飞机的故障树,综合各系统的分析结果最后得到飞机级的安全性结论。

(5) 如飞机级的安全性在三级以下,可以接受,此时只要损伤的结构能满足剩余强度要求,就能证明该部位满足离散源损伤容限要求。

(6) 如飞机级的安全性在二级或以上,则不能接受,此时需要对结构进行加强,使其遭受鸟撞后不至于损伤内部的系统。

11.5.7　鸟撞损伤的安全性要求

根据鸟撞损伤后的结构与系统安全性分析,对各部位的鸟撞可以归纳得出满足安全性要求的允许损伤。

1) 机头鸟撞损伤

由于机头内部是驾驶舱、飞行员,一般来说布置的系统都会是一级安全性要求的,因此机头允许的鸟撞损伤主要由系统安全性来决定,即结构不能发生破损性的损伤,不能危及系统,不能出现紧固件断裂和飞出,危及飞行员的安全。据此可以得出机头鸟撞试验的合格判据。

2) 机翼前缘鸟撞损伤

机翼前缘遭受鸟撞主要是缝翼,一般来说缝翼遭受鸟撞后其基本结构均会遭到破坏,因此缝翼前缘不能布置危及飞机安全的系统。由于缝翼是通过滑轨支撑在机翼盒段上,因此分析和试验模型只需模拟机翼前梁、机翼前缘固定段和缝翼即可。

缝翼遭受鸟撞可能会有两种状态:一是缝翼收上状态,鸟撞速度可按 25.571(e)条款确定;二是缝翼放下状态,此时的鸟撞速度的选择除了按 25.571(e) 条款要求,还应考虑飞机的襟翼标牌速度(放襟缝翼的速度),即缝翼放下状态的鸟撞速度不能超过襟翼标牌速度。

缝翼遭受鸟撞损伤后,首先鸟撞击不能使机翼前梁破裂,不能使油箱漏油,只允许有变形。其次对于缝翼本身,当其在收上状态时,若缝翼损伤导致无法操纵,此时根据气动的分析,可在襟缝翼收上状态进行飞机返回和迫降,着陆场长会加长。当其在放下状态时,如缝翼损伤,飞机立刻返回。

3) 襟翼鸟撞损伤

因为襟翼在机翼后缘,因此最可能遭受鸟撞的状态是襟翼放下状态,鸟撞的速度应取襟翼标牌速度。当其遭受鸟撞损伤后,因其是放下状态,即使不是最终的着陆构型状态,也按此状态返回着陆。

4) 平尾和垂尾前缘鸟撞损伤

平尾和垂尾前缘遭受鸟撞后,前缘结构必然破损,因此在前缘内部一般不能布置危及飞机安全的系统。由于平尾和垂尾前缘均采用分布连接形式连接在前梁上，因此盒段的支持对鸟撞的分析与试验十分重要，必须考虑。鸟撞速度的选取按25.631条款的要求。

平尾和垂尾前缘遭受鸟撞损伤后，鸟撞击不能导致使平尾和垂尾前梁不满足剩余强度要求的破损。如果前梁上有工艺孔或减轻孔，需要考虑盒段内是否有危及安全的系统，如有的话，需要将前梁的工艺孔或减轻孔封堵上。

5）发动机短舱唇口鸟撞损伤

发动机短舱唇口遭受鸟撞后，唇口前缘会发生变形和破损，同样其变形和破损不能殃及发动机系统。

6）雷达罩鸟撞损伤

一般情况下，雷达罩本身遭受鸟撞后都会破损，因此内部布置的雷达天线系统应不涉及飞机安全。但需要考虑鸟撞击穿过雷达罩后会再次撞击到机头的端框，而作为机头的端框，其鸟撞损伤的要求基本上与机头的一致。

11.5.8 鸟撞试验验证

1）鸟撞试验原理与设备

通过设计一套试验设备，能产生一定的压力，使得鸟能按照规章要求的速度撞击到试验件上。试验设备一般包括空气炮系统、控制系统、瞄准仪、激光测速系统、测试系统、摄影系统、鸟弹收集器。

2）试验要求

（1）对鸟弹制作的要求，其鸟体重量误差控制在±3%，其中包裹袋重量不得大于10%，鸟体重量增减不得大于10%。

（2）试验设备速度控制误差依据 ASTM 标准—Standard Test Method for Bird Impact Testing of Aerospace Transparent Enclosures，为±2%。

（3）试验时要确保鸟撞击试验件时的速度不低于规章规定的速度。

（4）称重设备的测量精度 1g。

（5）速度测量精度 0.2%。

3）鸟弹的制作

鸟撞试验中鸟弹的制作是关键的环节，4lb 的鸟一般用鸡来制作，8lb 的鸟选择鹅或鸭。要用活杀的方法，将鸡瞬间杀死后，头朝前装入薄的尼龙袋轻扎。一般杀鸡的方法采用乙醚或勒死。装好后数分钟内立即进行试验。鸟弹的制作要按照专门的工艺规范进行操作，重量符合要求。

随着对环保要求的提高，国外已经采用一种胶冻状的物体模拟鸟体，并经过了试验的验证，编制了整个制作与试验过程的规范。

4）压力-速度曲线

试验最终控制的状态是要符合确定的鸟撞速度，而试验的实施则是通过压力将鸟打出，因此压力与速度的关系是试验技术的关键。采用激光测速仪测定鸟撞速度,需要经过大量的试验,分别给出 4 lb、8 lb 鸟撞时的速度压力曲线,并编制工艺规范,正式试验时按照压力速度曲线进行。

5) 试验有效性判断

(1) 试验测试数据的有效性:鸟弹的重量及误差要求符合试验大纲中的规定;鸟撞速度的控制在规定的±2%,若超出此误差,则根据试验合格判据确定。

(2) 试验合格判据:根据结构剩余强度分析结果、系统安全性分析结果,给出鸟撞后试验的合格判据。根据合格判据判定试验的成功与否。

(3) 鸟撞速度的测试与分析:鸟撞速度的测试一般要求测试仪器有备份。从条款的符合性角度来讲,试验测试的鸟撞速度要在不低于条款规定的速度下结构仍能符合试验合格的判据,此时认为试验是成功的。

(4) 鸟撞速度的测试与分析:如果由于试验误差,鸟撞的速度低于条款规定的速度,此时需要具体分析:

(a) 如结构已不符合成功的判据,则需要更改设计重新验证。

(b) 鸟撞的速度误差在±2%内时,如结构仍符合成功的判据,此时需要外推分析来证明可行性。

(c) 如鸟撞速度误差超出±2%,且结构符合成功的判据,此时比较难通过外推分析来证明可行和说服适航,因此需要对鸟撞速度进行误差控制。

(5) 鸟撞速度的测试与分析:如果由于试验误差,鸟撞的速度高于条款规定的速度,但结构不符合成功的判据,此时很难通过内插分析来证明可行。因此,需要对鸟撞速度进行严格误差控制,一般会以 $V_c(0,+4\%)$ 的误差来规定,以避免发生难以定论的状态。

11.6 转子爆破的分析与验证

11.6.1 转子爆破区域确定

转子爆破的区域是以发动机转子非包容性的散射角来确定的。根据发动机制造商给出的转子散射角,做出几何图形,所包容的区域就是可能遭受转子爆破的区域。

11.6.2 转子爆破的总体布置设计

根据转子爆破能量进行撞击动力学分析,表明转子散射到的结构区域均会被打坏,因此转子爆破的总体布置设计尤为重要,也就是说发动机的安装位置至关重要。需要考虑:

(1) 各种发动机安装位置,应使转子所散射到的结构破坏后,其剩余结构还能满足剩余强度的要求。

(2) 转子散射区域不能伤及乘员。

一般来说,无论是翼吊还是尾吊,转子散射角很可能覆盖机身气密舱段,这是需要进行综合设计与分析来确定发动机安装位置的。

（1）对于翼吊，首先从颤振角度确定发动机的展向位置，再从气动角度确定行向位置，最后再从载荷、结构强度角度进行设计，并考虑布置的位置使其散射角最小限度的伤害机身气密舱。

（2）对于尾吊，首先从气动角度确定布置位置，再考虑布置的位置使其散射角能在球面框之后，最后从载荷、结构强度角度进行设计。

11.6.3　转子爆破的剩余强度分析

遭受转子爆破损伤的结构需要进行剩余强度分析，剩余强度载荷按 11.4 节确定。

一般来说，通过动力学分析，转子散射区域内的结构都会损坏，因此在剩余强度分析时，损伤的确定一般是将转子散射区的蒙皮、长桁和框切断，进行剩余强度的分析，使其满足强度要求，若不满足，则需要重新布置发动机的位置。

11.7　轮胎爆破的分析与验证

11.7.1　轮胎爆破的系统布置设计

按照§25.729(f)条款，位于轮舱内且对于飞机安全运行必不可少的设备必须加以保护，使之不会因下列情况而损伤：轮胎爆破、轮胎胎面松弛。

因此，从系统布置角度，尽量不将危及飞机安全的系统布置在轮舱内，实在无法避免则需要进行系统保护。

11.7.2　轮胎爆破的保护设计

需要保护的系统要进行保护罩的设计，该保护罩要能抵抗轮胎爆破的撞击。首先确定轮胎碎片大小、能量、方向，再通过动力学分析，使得保护的结构设计能够起到对系统的保护作用，如不能穿透或变形不能损坏系统。

11.7.3　轮胎爆破的系统安全性分析

对于布置在轮舱内的系统要进行系统安全性分析，安全等级在一、二级的要进行系统保护，在三级以下的则可以不保护。

12 声疲劳强度评定

12.1 声激励环境的确定

12.1.1 声疲劳概念

声疲劳是一种由于噪声引起结构振动而产生裂纹的现象。飞机中基本的噪声源来自发动机,但在某些情况下气动噪声可能是重要的。

噪声对结构的作用本质上是一种空间分布的,随着时间的变化具有一定频率分布特性的动态随机压力载荷。随着声载荷作用量值继续增大,如声压级超过 140 dB 以上,它便可能在结构上产生一定的分布应力响应。特别是当噪声的频率分布特性和它所作用结构的动态特性互相耦合时,结构就会发生显著的应力响应。

在这种动态特性应力的长时间作用下,如同振动疲劳一样,在结构应力集中或其他缺陷部位处会产生疲劳裂纹直至发展为疲劳破坏,这就是声疲劳破坏。如果声载荷作用量值继续增大,如声压级超过 180 dB 以上时,还可能产生足以导致结构迅速破坏的高强声载荷。

12.1.2 声激励环境预测

喷气发动机近场噪声的预测方法主要基于大量实测数据。即通过各种经验的技术和公式,对各种类型的发动机在各种运转状态下的实测数据进行处理,从而获得近场噪声的各种声学量值。所有测试方法其测试精度一般要求在 ±5 dB 范围内。

12.1.3 声载荷

飞机结构在噪声载荷激励下,会产生声振动应力响应,引起结构产生疲劳损伤。通过声激励环境的预测,可以得到噪声载荷,而影响飞机结构声疲劳寿命的激励主要是声压级(dB)与声压谱(Hz)。图 12-1 给出了各种噪声的声压级范围。

(1) 声压级高,声疲劳寿命短。

(2) 随机谱比单频离散谱频带宽,声疲劳寿命长些。

(3) 声压频谱峰值处频率如果接近结构固有频率,则声疲劳寿命大大下降。

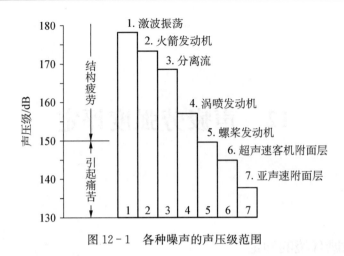

图 12-1　各种噪声的声压级范围

12.2　声疲劳分析方法

12.2.1　声疲劳分析方法选择

在不同阶段或不同的噪声环境条件下，为了快速获得声疲劳寿命，有两种不同的分析方法可选择：

1）简化法

用来检查承受发动机噪声的结构声疲劳寿命。采用简化法必须满足以下准则：

（1）只适用于中等至高涵道比发动机的噪声。

（2）每次飞行中，在预期最大声压级 300 h 的当量服役寿命应为受影响的结构所接受的。

（3）300 h 服役寿命的合适噪声水平不能超过 154 dB。

2）通用法

如不满足上述准则，则采用更详细的通用法，有如下特点：

（1）可适用于各种噪声谱形。

（2）用不同结构构形的结构响应频率表达式，确定在声谱中的响应和声疲劳损伤累计率。

（3）用不同结构构形的单位应力响应表达式，确定在单位载荷下的壁板应力响应。

（4）用一种细节声额定值（DSR）确定结构声疲劳品质。

（5）用类似于一般结构疲劳裕度的声疲劳裕度，确定相对于最小服役目标的疲劳特性。

12.2.2　简化的声疲劳分析方法

简化的声疲劳分析可采用图 12-2 和图 12-3 的方法，根据遭受声疲劳部位的结构形式，可将其简化为图 12-3 中的任何一种结构连接，然后查阅图 12-2 所示的

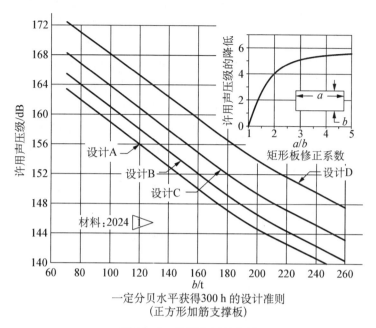

图 12-2　许用声压级曲线

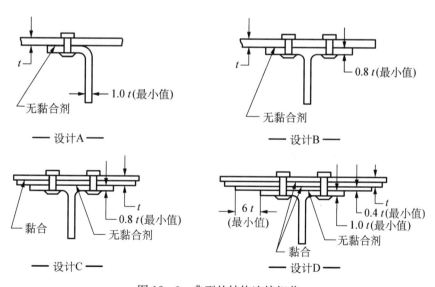

图 12-3　典型的结构连接细节

曲线,可得到许用的声压级。

12.2.3　通用的声疲劳分析方法

采用细节声额定强度(Detail Sound Rating,DSR)法,进行结构的声疲劳分析。该方法按一般结构疲劳分析,即根据疲劳累积损伤原理确定声疲劳寿命。

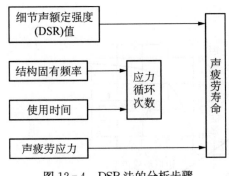

图 12-4　DSR 法的分析步骤

细节声额定强度 DSR 定义为：在噪声载荷激励下所获得的 S-N 曲线上，对应于循环次数的声疲劳强度。

DSR 法的分析步骤如下（见图 12-4）：

1）计算结构响应频率

典型机身蒙皮和支承结构在任何固有频率噪声振动下会产生宽频带激励，大多数情况下，结构一阶固有频率和模态决定了响应谱。结构响应频率可以采用试验的方法、数值计算或者分析方法来确定。

2）确定细节声额定值

根据有关随机声疲劳试验 S-N 曲线查得，或根据估算公式计算得到结构的 DSR 值，

$$DSR = DSR_{\text{base}} A_{\text{S}} B_{\text{S}} C_{\text{S}} U_{\text{S}};$$

式中，DSR_{base} 为结构 DSR 基准值（MPa）；

　　A_{S} 为孔充填系数；

　　B_{S} 为合金表面处理系数；

　　C_{S} 为划窝深度因子；

　　U_{S} 为加强垫因子。

3）确定有效飞行段和各段时间

对发动机噪声声压级很高，引起显著声疲劳损伤的飞行段，可由发动机短舱的"最小分析范围"来确定。

4）计算每个飞行段的循环数

每个飞行段的应力循环数是结构固有频率和该段飞行时间的乘积。

5）计算声疲劳应力

声激励产生的疲劳应力为：

$$f_{\text{s}} = \frac{f_{\text{s}}}{L_{\text{ps}}} (PSD(\Phi))^{1/2}$$

式中，f_{s} 为声疲劳应力；

　　$f_{\text{s}}/L_{\text{ps}}$ 为在单位振幅均布压力加在壁板表面时结构的动应力响应；

　　L_{ps} 为在壁板固有频率上声激励的谱压级；

　　$PSD(\Phi)$ 为在壁板固有频率上声激励的功率谱密度级。

6）计算声疲劳损伤

随机声载的疲劳寿命为

$$N = \left(\frac{DSR}{f}\right)^{1/\lg S} \times 10^6$$

第 i 飞行段的每个循环的疲劳损伤为

$$M_i = \frac{1}{N_i} = \left(\frac{f_i}{DSR}\right)^{1/\lg S} \times 10^{-6}$$

每次飞行的损伤为

$$M_{\mathrm{T}} = \sum_{i=1}^{j} M_i$$

7）计算声疲劳

声疲劳寿命为

$$N_{\mathrm{T}} = \frac{1}{M_{\mathrm{T}}}$$

8）确定声疲劳设计服役目标

声疲劳设计服役目标为最小的设计服役目标。

9）计算要求的 DSR

要求的 DSR 是设计服役目标、声疲劳寿命、实际的 DSR 以及 $S-N$ 曲线斜率的函数：

$$DSR_{\mathrm{REQ}} = DSR\left[\frac{N_{\mathrm{G}}}{N_{\mathrm{T}}}\right]^{\lg S}$$

10）计算声裕度

$$SM = \frac{DSR}{DSR_{\mathrm{REQ}}} - 1$$

12.3　抗声疲劳结构设计

12.3.1　影响结构声疲劳的设计因素

结构设计参数的不同会影响声疲劳寿命,主要有结构形式、蒙皮厚度、连接强度、结构材料、壁板结构曲率、工艺方法、连接形式、结构阻尼、结构壁板支持形式、应力集中、腐蚀环境、附加应力、结构壁板的表面保护等。

一般来说,机加、化铣整体壁板、金属蜂窝、泡沫塑料夹层结构、粘接垫圈板、波纹板结构,其抗声疲劳性能较好。其中波纹板最好,垫圈板次之,蒙皮长桁板最差。

选择连接方式时,应尽量避免偏心的连接,避免发生刚度突变。

12.3.2　抗声疲劳结构设计步骤

（1）飞机噪声环境与声谱分析。

（2）飞机结构声载荷谱确定。

（3）飞机抗声疲劳结构形式与参数选择。

（4）飞机抗声疲劳结构的连接方式选择。

（5）飞机抗声疲劳结构固有特性与声振响应分析。

（6）飞机结构声疲劳寿命和声疲劳试验验证。

12.4　声疲劳的试验验证

12.4.1　声疲劳(*S*-*N*)曲线

声疲劳曲线按材料种类划分，需要进行每种材料的声疲劳(*S*-*N*)曲线，并给出部分结构形式的数据。图 12-5 给出的是两种材料的声疲劳(*S*-*N*)曲线；图 12-6 给出了不同连接件的声疲劳(*S*-*N*)曲线。

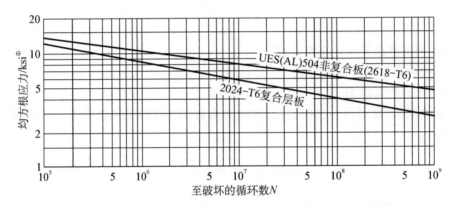

图 12-5　材料的声疲劳(*S*-*N*)曲线

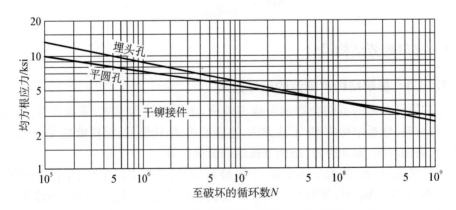

图 12-6　各种连接件的声疲劳(*S*-*N*)曲线

---

① ksi = 6.895 MPa

12.4.2　声疲劳试验技术

声疲劳试验设备主要有混响室、行波管、声源、气流、声和振动测量、分析设备等。声疲劳试验中如何将声载荷进行加速与测量是声疲劳试验技术中的关键环节。

12.4.3　声疲劳试验验证

对于受噪声激励环境下的结构要进行声疲劳试验验证。发动机噪声是主要的噪声源,影响机身壁板的结构,一般通过分析选择机身壁板进行声疲劳试验。

在选择壁板进行声疲劳试验时,首先是试验件的选取范围确定,一要考虑选择的试验范围能代表承受声疲劳载荷的飞机结构,这需要进行分析来确定;二要考虑试验设施能否满足试验件大小的要求。这需要综合分析与权衡后确定。其次是试验件边界支持的设计,既要符合真实结构的支持刚度,又要避免在试验时支持结构先破坏,这需要进行详细的分析后确定,也取决于试验经验。

13 持续适航文件的制订

13.1 持续适航文件内容

为了保证飞机交付用户后的持续适航,需要有相关的持续适航文件来保证。

主要的持续适航文件有:结构适航限制项目、结构检查大纲、结构修理手册、无损检测手册。

13.2 结构适航限制项目

结构适航限制项目的制订要严格按照 CCAR §25.571 条款的要求进行。主要验证思路如下:

(1) 确定飞机在服役过程中的典型使用任务剖面及各典型使用任务剖面下的目标服役寿命。

(2) 确定飞机在服役中预期的典型载荷环境。

(3) 确定飞机典型载荷谱,确定各部位的疲劳分析应力谱。

(4) 对各主要连接部位进行疲劳评定。

(5) 根据各主要部位疲劳评定结果,确定飞机的 PSE 项目。

(6) 确定各 PSE 项目的损伤容限分析载荷谱及应力谱。

(7) 确定受声激励结构件的声激励谱。

(8) 对所有 PSE 项目进行进一步的分析验证,对安全寿命结构件(起落架)进行进一步的疲劳分析;对损伤容限结构件进行损伤容限分析,损伤容限分析包括裂纹扩展分析和剩余强度分析两部分;对声激励结构件除进行损伤容限分析外还需进行声疲劳分析。

(9) 进行一定量的试验对疲劳及损伤容限分析方法进行试验验证;补充材料断裂性能试验。

(10) 离散源损伤试验。

(11) 全尺寸疲劳损伤容限试验。

(12) 根据分析和试验结果确定适航限制项目,给出各限制项目的维修检查方法、维修检查门槛值及维修检查间隔或使用限制。

13.3　结构检查大纲制订方法

　　制订 PSE 检查大纲是为了评定损伤容限,保证结构的安全性。结构检查大纲规定了检查要求、检查门槛值、检查间隔和检查方法,以保证高可靠性地及时检测出初始损伤,使机队采取行动检测或防止机队中的任何损伤。在可检性基础上编制结构检查大纲,如图 13 - 1 所示。

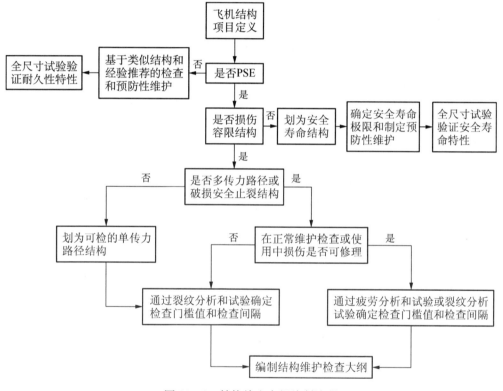

图 13 - 1　结构检查大纲编制流程

13.4　结构检查大纲的主要内容

13.4.1　环境损伤

　　环境损伤的评定包括腐蚀和应力腐蚀,环境损伤额定值(Environment Damage Rating,EDR)是对有害环境造成的结构损伤的一种度量。环境引起的损伤可能随时间而变化,检查要求是以对腐蚀和应力腐蚀损伤的感受性和及时检测性作为依据,腐蚀的感受性应根据可能处于不良环境的情况和适当的防护系统来进行评定。
　　这些环境与部位包括:

（1）处于恶劣环境中，如客舱的冷凝水、厨房渗漏、清洗液等。

（2）两种不同材料的接触部位（潜在的电化学反应）。

（3）表面防护系统的破裂，例如，由于漆层及底层破裂和老化、胶接、封严、防腐材料变质及金属包覆层损坏，而导致金属材料腐蚀或液体渗入可渗透性非金属材料等。

（4）根据材料特性及产生持续拉伸应力的可能性，对应力腐蚀的感受性进行评定。根据相对损伤尺寸、对应力腐蚀的敏感性和重要结构项目检查的可检性来确定及时探测性。

13.4.2　意外损伤

意外损伤的评定：意外损伤（Accidental Damage，AD）是一种随机出现的离散事件，且可能发生在任一飞机的任何部位，意外损伤评定（Accidental Damage Rating，ADR）是对意外损伤造成的结构损伤的一种度量。

意外损伤的评定包括：

（1）评定最小（不明显）意外损伤的感受性，根据结构项目暴露的频度和一种或几种原因而造成的损伤部位来进行评定。如地面设备，货运设备，由于飞机制造、维修和/或使用中的人为差错所造成的那些损伤（不包括在其他损伤来源中），雨、冰雹等；跑道上的杂物，闪电，水浸泡。

（2）评定意外损伤后的剩余强度，应根据重要结构项目临界损伤尺寸与可能损伤尺寸的相对值进行评定。

（3）评定损伤的及时探测性，根据重要结构项目检查的可检性和损伤后承受载荷时剩余结构裂纹相对扩展率的情况进行评定。同时还要考虑环境中非化学性影响造成的损伤，包括由于冰冻/融化循环而造成的脱胶或分层等损伤。

13.4.3　疲劳损伤

疲劳损伤的评定：疲劳损伤（Fatigue Damage，FD）是由于循环载荷引起的裂纹起始及其持续扩展，这种损伤是一个累积的过程，与飞机的使用情况（飞行小时或起落次数）有关。必须制订一个检查要求，以保证在由于某种疲劳损伤造成任何飞机的剩余强度低于允许水平之前，提供探测疲劳损伤的最大可能性。

疲劳损伤评定应考虑：

（1）适用的剩余强度，包括多部位疲劳损伤的影响。

（2）适用的裂纹扩展率，包括多部位或多元件疲劳损伤的影响。

（3）与疲劳损伤扩展间隔相关的损伤检测期。疲劳损伤扩展间隔是从首次检测时间（门槛值）到所规定极限尺寸（临界的）之间的间隔。损伤检测期随着所应用的检查方法及检测概率而变化，并受结构部件或工艺的影响（如密封胶遮盖住损伤部位）。

（4）检查方法的检测标准。

（5）适用的检查等级和方法（如目视、无损检测），方位（如外部、内部检查）及重复检查间隔。

13.5 结构检查时间与方法确定

结构检查大纲制订中的三个关键要素就是首次检查期(门槛值)、重复检查间隔和检查方法。所有的 SSI 项目(对于结构来说就是 PSE 件)都要编入结构检查大纲。

(1) 确定门槛值的方法是采用考虑分散系数的疲劳分析与试验、缓慢裂纹扩展分析与试验。

(2) 确定重复检查间隔的方法是采用损伤容限分析、所用检测方法的检出概率(保证整个寿命期内至少要求 95％的置信度,使裂纹有 90％的检出概率)。

(3) 选择检查方法时要根据不同的无损检测方法确定其可见的初始裂纹长度,同时考虑裂纹的位置、方向和长度,并查看图纸,选择多种方法分析,要有参考的标准,经过试验验证,编入无损检测手册中。

13.5.1 首次检查期(门槛值)

检查门槛值定义为第一次检查应当进行的那一时刻所对应的飞行循环次数或飞行小时,即首次检查期。检查门槛值是从初始缺陷尺寸扩展到可检测裂纹长度之间的时间间隔除以分散系数,其最大许用值为飞机设计服役目标的一半。

(1) 环境损伤:根据使用方和制造方对类似结构的使用经验确定首次检查期,可以与重复检查间隔的时间相等。

(2) 意外损伤:对意外损伤的第一次检查(门槛值)通常与确定的重复检查间隔的时间相等,从第一次投入使用开始。

(3) 疲劳损伤:由制造厂商确定和适航当局批准首次检查期,确定的首次检查期是损伤容限审定要求的一部分,这些要求是根据使用经验、试验或分析进行确定和修改。

疲劳检查门槛值表达如下:

$$F_{thr} = \frac{F_{insp}}{K_1 K_2 K_3 K_4} \leqslant \frac{F_{DSO}}{2}$$

式中,F_{thr} 为截至检查门槛值时的飞行次数;

F_{insp} 为检查门槛值带,即从初始缺陷到可检尺寸之间的飞行次数;

F_{DSO} 为飞机设计服役目标,以飞行次数计。

13.5.2 重复检查间隔

重复检查间隔即一次检查到下一次检查之间的时间间隔,往往需要重复多次。重复检查由裂纹扩展到一个真正能检测出来的尺寸开始,检查周期取为可检裂纹长度到临界裂纹长度之间的间隔除以分散系数。

(1) 环境损伤:根据已有的相关使用经验和制造厂家的建议来确定探测/预防/控制环境恶化(腐蚀、应力腐蚀等)的重复检查间隔。

（2）意外损伤：根据使用部门和制造厂家对类似结构的经验来确定重复检查间隔。

（3）疲劳损伤：有关疲劳的检查工作是根据损伤容限的评定来确定重复检查间隔的。在这些检查间隔中，适用和有效的检查工作，为每个重要结构项目的疲劳损伤提供了足够的检测概率。

疲劳重复检查间隔公式表达如下：

$$F_{\text{rep}} = \frac{F_{\text{crit}} - F_{\text{insp}}}{K_2 K_3 K_4} \leqslant \frac{F_{\text{DSO}}}{2}$$

式中，F_{rep} 为重复检查间隔的飞行次数；

F_{crit} 为到临界裂纹长度的飞行次数；

$F_{\text{crit}} - F_{\text{insp}}$ 为重复检查带；

K 为分散系数。

分散系数的取值如表 13-1 所示。

表 13-1　分散系数

分散系数	数值	取　得　方　法
K_1	2.0 4.0 5.0	经试验验证的分析 基于 2 个试验或对称结构 基于单个试验结果
K_2	2.0 3.0	多传力路径 单传力路径
K_3	1.0	使用恰当的或较严重的材料特性或环境
K_4	1.0	保守的载荷谱和保守的应力分析

注：表中，K_1 为裂纹数据来源的分散系数；K_2 为载荷路径的分散系数；K_3 为环境影响的分散系数；K_4 为计及分析中不确定因数的分散系数。

13.5.3　检查方法

通过分析计算可以得到各部位的检查门槛值、重复检查间隔和检查方法，需要注意的是，确定各部位的检查方法和检查次数时一定要保证在设计服役目标寿命期内至少要有 95% 的置信度，使裂纹有 95% 的检出概率。

若采用常规检查方法达不到要求时，可采用以下几种方法：

（1）增加检查次数，也就是减小检查间隔。过短的检查间隔会影响飞机的使用。

（2）选择裂纹检出概率高的检查方法。裂纹检出概率高的检查方法，维护成本会高。

（3）采用不同的检查方法。可能对飞机使用维护带来不便。

各种方法都有优缺点，实际确定时应根据所有 PSE 各部位的损伤容限分析或试验结果,同时综合考虑各部位的检查间隔及飞机的检查周期来确定,还要考虑维护成本和运营成本。因此,最终确定的结构检查大纲是与运营人航空公司、适航当局共同讨论,最终认可批准实施。

13.6 结构修理原则

飞机结构各部位对强度和刚度要求的重要程度是不同的,对可维修性、修理方法的要求也不相同。在设计阶段应根据结构的特点和强度、刚度的要求,对构件进行分区,各分区具有不同的可以接受的损伤程度以及相应的修理技术。

13.6.1 影响结构安全性的主要结构件

按照损伤容限设计要求确定的主要结构件 PSE 进行区域划分,针对每个 PSE 部位(重点是那些会出现制造缺陷、容易受到使用损伤的 PSE 部位),根据损伤容限评定的结果(损伤接受程度、结构类型、修理方法)划分成不同的区域,并对每个区域给出检测方法、修理容限、修理时刻和修理方法。

13.6.2 影响结构功能完整性的结构件

按照结构功能划分区域的结构件,这类结构虽然对安全性影响不大,但其损伤影响了功能的完整性。如翼面类结构的前缘、各类整流罩、客货舱地板等。根据这些结构部位的不同及对功能的影响,对每个区域给出检测方法、修理容限和修理方法。

13.6.3 结构修理的分类

结构的修理部位与方法的确定是与损伤原因相关联的,可根据损伤引起的原因进行分类,并按各类别确定修理方法、修理容限和修理时间。

(1) 在地面维护使用中造成的损伤。
(2) 由于使用环境造成的环境损伤。
(3) 由于离散源造成的意外损伤。
(4) 由于重复载荷造成的疲劳损伤。

13.6.4 结构修理原则

对于金属结构,在设计中应考虑到可修理性、修理方法和技术的可行性、有效性与经济性。同时,应使修理后的结构强度和刚度的恢复尽可能高,至少应满足静强度和疲劳损伤容限的要求,并使结构重量的增加尽可能小,还要恢复原结构的使用功能、保证原结构的光滑完整。

13.7 修理手册的编制

13.7.1 修理手册包含的内容

1) 结构修理手册章节安排

结构修理手册(SRM)的正文包括:

第 51 章　标准实施和结构——通用

第 52 章　舱门

第 53 章　机身

第 54 章　短舱/吊挂

第 55 章　安定面

第 56 章　窗

第 57 章　机翼

2）结构修理手册内容

第 51 章包括标准实施、通用程序和典型修理方法等内容。

第 52 章～第 57 章中的各项目，分别包含下述三部分内容：

（1）结构识别。

（2）允许损伤。

（3）修理。

13.7.2　修理手册的编制要求

如第 51 章，应包括标准实施、通用程序和典型修理方法等内容。

具体有飞机结构描述，采用图示方式；飞机结构分类，如主要结构和次要结构的划分原则、分析过程，并详细给出；飞行限制区域图；区域划分图；飞机维护口盖及标记；缩略语；结构修理的定义，这里应给出经过损伤容限分析和未经过损伤容限分析的所有飞机主要和次要结构的修理分类和检查的定义；术语。

分别对通用的维护修理办法给出具体要求，如检查、清除和气动光滑度；结构修理中采用的特殊工艺方法；材料应说明修理中使用的金属和非金属材料的使用范围、使用要求、性能数据、热处理工艺等内容；紧固件应说明类型、材料、尺寸和适用范围以及紧固件的安装和拆卸程序、紧固件的间隙和极限数据、紧固件的强度值和紧固件替换件等内容。

飞机修理和检查过程中的支撑程序；控制面的平衡；通用的典型修理方法，如典型的挤压零件的修理、典型成型零件的修理、蜂窝结构的修理、密封的修理、各类涂层的修理、腐蚀区域的修理、部件及复合材料替换件的要求和限制、复合材料件的修理、金属胶接件的修理、清洗程序等。

第 52 章～第 57 章应以图示方式说明主要结构的组成，并叙述各结构元件的结构识别、允许的损伤和修理。

13.7.3　需要修理的结构项目确定

需要修理的结构项目包括：

（1）重要结构项目 SSI。

（2）所有的 PSE。

（3）按照损伤原因对结构进行分类。

（4）根据 MSG - 3 分析报告确定需要修理的结构项目。

13.7.4　结构识别的编写

对确定的第 52 章～第 57 章的各结构项目进行结构识别；

结构识别需表述飞机结构所包括的零配件、装配关系、修理数据、材料、热处理状态等方面的内容。

13.7.5　允许损伤的确定

首先,分析各结构项目静强度安全裕度和失效模式,根据静强度安全裕度和失效模式确定结构件的允许损伤;其次,对属于 PSE 的结构项目分析其损伤容限的能力,根据损伤容限分析结果确定允许的损伤及何时修理。

13.7.6　修理方法的确定与编制

根据 MSG－3 分析报告、损伤容限分析报告及飞机使用经验,确定飞机易受损伤的结构件;对超出结构允许损伤限度的损伤,根据其损伤形式、载荷、静强度及经济性要求,给出适当的修理方法,修理方法需要进行试验验证;修理方法的确定既要考虑静强度,更重要的是在细节设计时应考虑疲劳性能及损伤容限特性,以满足结构件耐久性与损伤容限要求。

13.7.7　修理的损伤容限评估

根据 FAR26 部的要求,要对修理的方法进行损伤容限的评定,因此需要对修理的结构部位进行修理前与修理后的损伤容限评定;并通过必要的损伤容限试验(含修理后的试验),最终确定修理后结构的损伤容限数据,编入结构检查大纲中;飞机交付客户时必须提供 SRM,但可暂时不提供修理方法的损伤容限数据,待完成修理后损伤容限评定,再对修理手册进行更新换版。

13.8　无损检测手册的编制

13.8.1　无损检测手册编制要求

无损检测是与飞机工艺制造和维护使用密切相关的,因此手册的编制需要考虑不同的使用状态。不同的使用状态所使用的检测方法不同,可检能力与部位也不同,对检测结果的判据亦不同。

因此,用于生产阶段的无损检测一般是编制无损检测工艺文件以及相关的与结构件有关的检测要求;而用于使用维护阶段的无损检测手册的编制,一般要包含结构检查大纲中规定的检查方法和检查要求。

13.8.2　无损检测方法与检测概率的确定

无损检测方法与检测概率是密切相关的,首先应对每种检查方法适用的检查部位、裂纹与损伤形式、检查通路要求等进行研究,并通过试验验证、给出每种检查方法的可检裂纹尺寸及相应的裂纹检出概率。对于裂纹检出概率,要保证有 95％置信度、95％可靠性的要求。

13.8.3　检测结果的判定

1）生产阶段检测结果的判定

此阶段根据无损检测工艺规范检查需要检验的结构部位,然后依据各部位与部件验收技术要求进行对检测结果的判定。如不符合验收技术要求,则需要发出故障拒收单提交工程处理。而验收技术要求是需要根据静强度、疲劳与损伤容限分析及试验来确定可接受的裂纹与损伤。

2）使用维护阶段检测结果的判定

此阶段根据结构检查大纲及无损检测手册按照规定的时间、规定的检测方法,得到检测结果后与结构检查大纲中的临界裂纹进行比较,再与结构修理手册中的允许损伤相比较,确定是否能继续飞行或者是需要进行修理等。

13.8.4　无损检测手册的编制

无损检测手册的编制思路:

（1）根据研究和试验确定各种检测方法适用的结构材料、结构部位、结构形式、使用空间要求、可检的裂纹或损伤要求,并提供检测方法。

（2）通过试验给出每种检测方法可检的裂纹尺寸及相应的裂纹检出概率。

（3）依据结构检查大纲对各检查部位检测时间、检测方法的要求,采用无损检测手册中的方法和程序进行检查。

（4）各种检测方法要给出明确的检查程序,检测结果的判定。

14 损伤容限和疲劳评定技术
的发展与展望

14.1 适航规章的新政策要求

随着飞机设计与制造技术的发展,飞机的使用寿命越来越长,现行有效的规章要求在设计中按照设计服役目标寿命进行损伤容限分析评定与验证,最终给出结构检查大纲。客户在持续适航过程中依据相关要求,按首次检查门槛值、重复检查间隔、检查方法、检查的项目和部位及相应的修理手册进行维护和修理工作来保证飞机的安全运营。按照该程序飞机的寿命可以达到无限,但需要航空公司承受越来越多的维修费用。一般情况下当修理不再经济时,航空公司将不再投入更多的维修费用,此时飞机将被停止使用,而这时飞机可能已经达到或超过了它的设计服役目标,由于没有规章要求来限制运营人的使用,导致越来越多的飞机在超龄服役。

适航当局和工业界很早就认识到疲劳损伤是持续适航重要的威胁。1988 年 4 月,Aloha 飞机公司的 B737 飞机在从 Hilo 到檀香山的夏威夷航线上,由于机身上部蒙皮 18 in 的裂纹导致空中解体的灾难性事故。运输安全委员会调查发现广布疲劳损伤(WFD)是导致这起事故的主要原因,此后,WFD 在运输机安全事故中起着主要的角色。尤其是 FAA 颁布了新的规章及适航指令(ADs),强调增压球面框、机身蒙皮纵向对缝和框对接处是 WFD 的主要出现部位,并提出了维护和修理要求。由此可见,适航规章的要求随着评定技术的发展在变化,并与使用经验、发生的偶然或突然事件及在设计、分析、试验、制造和检查中的相关技术进步有关。

当疲劳损伤出现在大面积相似细节并且处于相当应力水平下,就会发生 WFD,其类型有多部位损伤(MSD)和多元件损伤(MED)或者两者。WFD 与局部损伤的区别如表 14-1 和图 14-1 所示。

表 14-1 WFD 与局部损伤的区别

局部损伤特性	WFD 损伤特性
起始于局部"单一"裂纹 起始于制造缺陷	许多同时发生的裂纹 源于疲劳品质

（续表）

局部损伤特性	WFD 损伤特性
相对大的剩余强度尺寸 有许多目视可检的情况	相对小的剩余强度尺寸 很难检测到
解决方案	解决方案
SSID 程序	WFD 程序

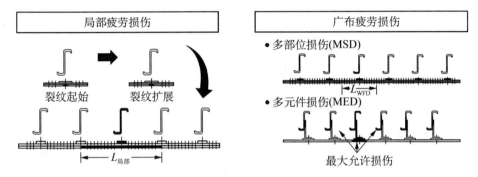

图 14-1　WFD 与局部损伤的区别

　　MSD/MED 的情况通常很难可靠地检测到，如果 MSD 和 MED 裂纹可以被检测出来，那么就可以编入到维修大纲来避免机队发生；如果不能检测到，结构的更改就是唯一办法了。WFD 的情况就是指当结构不再满足剩余强度要求的时刻，MSD 和 MED不代表 WFD 发生，它的产生在 WFD 发生之前。当采用常规维修大纲可以检测出 WFD或者 MSD/MED 时，包括 SSID 检查，通常意味着有大量的机队飞机受到了影响。

　　当 MSD 和 MED 发生后，由于裂纹太小采用现有检查手段很难可靠地检出，且此时结构已不能承受规定的剩余强度载荷，飞机易出现安全性事故，统计发现大多数飞机的安全性事故都是由于 WFD。此外，随着使用年限的不断增加，现有的规章在执行中也存在着不安全的因素，比如已超过验证的设计服役目标使用的超龄飞机，或接近设计服役目标使用的老龄飞机受到 WFD 威胁的不安全因素极大。

　　主要表现在以下几个方面：

　　（1）现行条例要求型号合格证（Type Cetificate，TC）申请人和设计批准书持有人（Design Approval Holder，DAH）仅仅表明了各个单独的疲劳开裂（即局部疲劳）不会导致灾难性的结构破坏。

　　（2）现有规章没有要求预测广布疲劳损伤发生的时刻。

　　（3）现有规章通过全尺寸的疲劳试验可保证在设计服役目标期内不出现广布疲劳损伤，但不保证在达到设计服役目标以后不出现广布疲劳损伤，也不限制大于设计服役目标的超龄飞机的使用。

　　（4）按照§25.1529 的持续适航要求，飞机在不断的维护检查和修理过程中应保证安全，因此老龄飞机的结构必定存在大量的修理、更换及更改，而且每一架飞机的状态均不一样,已不是全尺寸疲劳试验验证的构型。

(5) 越来越多的老龄和超龄飞机受到 WFD 的威胁,对 WFD 的检查手段没有革新性的改变,以至无法检出,这样对依赖检查手段来保证飞机安全的准则也受到了威胁。

2006 年 4 月 18 日,FAA 公布了"老龄飞机计划:广布疲劳损伤,条例修正案草案"。该修正案草案旨在通过提供对 WFD 的预先管理,排除 WFD 在运输类飞机中的发生。新规章要求 DHA 在对飞机结构构型进行全面的 WFD 评定的基础上,建立运输类飞机的使用限制(IOL 或 EOL)以排除广布疲劳损伤。FAA 认为,限制飞机使用最直接的方法是超过某一时刻后禁止使用。为此,FAA 建议采用"飞机使用限制"而不用 ARAC 推荐的"维修大纲有效性限制"。新草案还要求 DAH 对实施于飞机的修理、更换和更改构形进行评定,以防止飞机在修理、更改和更换中的 WFD 发生。

随着越来越多的老龄与超龄飞机仍在服役,飞机不安全概率在逐渐增大。针对上述出现的情况,FAA 不断地研究并起草了新的规章草案并试行。更改和新增的§25.571、§25.1807、§25.1809、§25.1811 和§25.1813 条款要求适航当局、申请人分析整个飞机出现 WFD 的原因,分析特定的修理、更换和更改要求。同时,2008 年 1 月 11 日颁布了 FAR26 部 E 分部对用于修理与更换的损伤容限数据提出了要求。

由此可以得出,规章的更新是与对安全性认识的不断提高密切联系在一起的,通过技术的深入研究可以避免此类事故的发生。从发展历史看,由起初的不考虑寿命(静强度设计)演进到确定的有限寿命(安全寿命设计),再进展到通过检查修理的无限寿命或经济寿命(耐久性与损伤容限设计),直到新草案提出的检查、更换和更改的使用限制,不再是仅通过运营人的经济性、市场需求来控制,而是需要进行更多的分析评定工作来确定飞机的使用限制,这是具有里程碑意义的进步。

14.2 FAA 新规章草案主要更新的内容

14.2.1 新规章草案修订内容

针对 WFD 的规章修订涉及 25 部、121 部和 129 部。对 25 部的修订如下:

(1) 修订§25.1 使用范围:新增(c)和(d)。

(2) 修订§25.2 特殊的追溯性要求:新增(d)。

(3) 修订§25.571 结构的损伤容限和疲劳评定,对于(a)(3)"持续适航"后增加一段:飞行次数或飞行小时的总和定义为初始使用限制(IOL),本条所建立的 IOL 必须包含在本部§25.1529 持续适航文件要求的适航限制章节(Airworthiness Limitations Section, ALS)中。对于(b)款,首先将名称由"损伤容限评定"改为"损伤容限和广布疲劳损伤评定",再将"必须用充分的全尺寸疲劳试验依据来证明在飞机的设计使用目标寿命期内不会产生广布疲劳损伤。"改为"初始使用限制的建立要与总的飞行次数或飞行小时这段时间一致,必须用全尺寸疲劳试验依据来证明在这段时间内飞机结构不会产生广布疲劳损伤。"

新规章对§25.571 修订的核心是将"设计服役目标"改为"初始使用限制",要求初始使用限制也必须纳入持续适航文件(Instruction of Continued，Airworthiness，ICA)的 ALS 中,这意味着超过初始使用限制的新飞机将受到使用的限制。

(4) 修正案增加了 I 分部,持续适航与安全改进,总则包括§25.1801 目的和意义、§25.1803 备用、§25.1805 备用,广布疲劳损伤包括§25.1807 初始使用限制:广布疲劳损伤(WFD)、§25.1809 更改型号合格审定:广布疲劳损伤(WFD)、§25.1811延伸使用限制:广布疲劳损伤(WFD)、§25.1813 修理、更换和更改:广布疲劳损伤(WFD)。

(5) 修订附录 H 的 H25.3 的内容:新增 H25.3(h)。要求建立用于评定修理、更换和更改对 WFD 影响的指南。

(6) 修订附录 H 的 H25.4 适航限制条款:修订 H25.4(a)(1)、新增 H25.4(a)(4)。要求将初始使用限制纳入 ICA 的 ALS。

14.2.2　新规章草案变化的要点分析

归纳总结新规章的要求,需要用一种主动的方法,强调 WFD 在其发生前能分析出影响安全的因素。这种方法需要人们去分析与整个飞机相关的 WFD 发生的原因,分析对飞机所实施的修理、更换和更改。所提出新规章更改的要点分析如下:

(1) 在§25.571 中将"设计服役目标"修订为"初始使用限制";要求初始使用限制作为持续适航指令(ICA)中适航限制章节(ALS)的一部分。这意味着超过初始使用限制的飞机将受到使用的限制。

(2) 新增§25.1807,要求初始使用限制适用于最大起飞重量(MTGW)大于75000lb的运输类飞机,要建立修理、更换和更改的 WFD 评定方法,才能按评定的结果继续使用。

(3) 新增§25.1809,要求对现有的飞机、审定中的飞机即将要设计更改的飞机进行与初始使用限制有关的 WFD 评定;要求编制阻止 WFD 发生的维护计划。

(4) 新增§25.1811,建立延伸任何使用限制的要求,即给出超过初始使用限制后的延伸性,按照延伸使用限制来使用飞机。

(5) 新增§25.1813,建立对在飞机上实施的特定修理、更换和更改的评定要求,以确定延伸使用限制。

(6) 增加附录 H 有关内容,要求初始使用限制是 ICA 中 ALS 的一部分;要求对受修理、更换和更改影响的结构进行 WFD 的评定。

14.3　评定技术的新要求

新政策对§25.571条款的符合性提出了新要求,除了按现行有效的损伤容限评定方法进行分析与试验以外,还要从以下几方面开展评定工作才能获得型号合格证(TC):

(1) 分析评定 WFD 可能发生的部位。

(2) 分析确定初始使用限制(IOL)和延伸使用限制(EOL),并验证在飞机到达 IOL 之前不发生 WFD。

（3）分析评定 WFD 可能发生的时间,确定检查起始时刻(ISP)和结构更改时刻(SMP)。

（4）编制维护计划,这些维护项目列入 ALS 的适航限制项目文件中,并能有效地阻止 WFD 在飞机达到所建立的延伸使用限制(EOL)之前发生。

（5）对于 STC 和 ATC 证的申请人要对受影响飞机的修理、更换和更改进行WFD 评定。

14.4　广布疲劳损伤评定内容及程序

14.4.1　评定内容及程序

疲劳与损伤容限的评定是保证飞机在设计服役目标(DSG)期间不发生灾难性破坏,当飞机超过 DSG 运行时疲劳裂纹更可能发生,更易受到广布疲劳损伤的威胁,会出现多部位损伤(MSD)和多元件损伤(MED)。无论何种情况,补充检查大纲(SIP)的检查项目或初始的验证都不能充分保证飞机在超出 DSG 以后的持续适航。在很多情况下,MSD 和 MED 很难用检查手段处理,要保证持续适航,运营人往往需要在 MSD 和 MED 出现之前采用更换或更改这些结构区域的方法。

WFD 的评定一般包括分析、试验和服役数据的评估,WFD 的评定程序如图14－2所示。需要采用可靠的和保守的方法确定裂纹的形式和 WFD(average

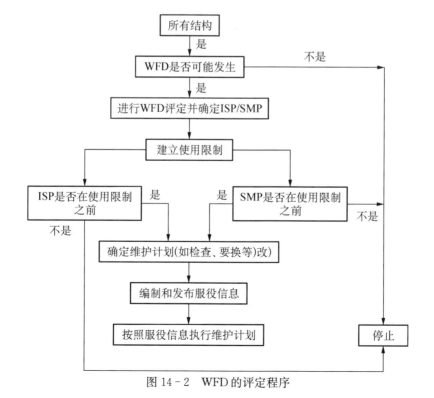

图 14－2　WFD 的评定程序

behavior 平均行为）。评定还要确定能阻止 WFD 发生的必要的维护计划。

　　广布疲劳损伤的评定基于：确定可能发生 WFD 的结构区域；对于广布疲劳损伤敏感的结构区域经过评定确定其检查起始时刻（ISP）和结构更改时刻（SMP）；将 ISP 和 SMP 与提出的或真实的使用限制进行比较；对 ISP 或 SMP 在使用限制之前的任何结构区域都要确定相应的维护计划。

14.4.2　鉴别易发生 WFD 的结构区域

　　易发生 WFD 的结构可能会产生 MSD 或 MED 或两者都有。在评定飞机型号构型、或修理构型、更换或更改构型等的 WFD 的敏感性时，应当考虑所有的结构区域。需要采用有数据支持的理由和根据的方法来确定包含和排除任何 WFD 的结构区域。

14.4.3　典型的可能发生 WFD 的部位

　　对于民用飞机常规布局的结构，分析研究可能发生广布疲劳损伤 WFD 的部位大致会包括以下各主要的部位。若按特殊要求进行设计的结构，可按 WFD 的要求进行分析。

　　（1）机身蒙皮、框和剪切角片的纵向对缝处的 MSD 和 MED（见图 14 - 3）。

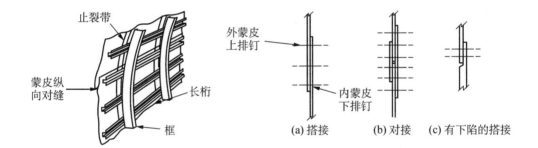

MSD 和 MED 的结构形式和部位：
- MSD 纵向蒙皮对缝
  - 搭接
    - 外蒙皮上排钉
    - 内蒙皮下排钉
  - 对接
    - 蒙皮最外侧一排钉
    - 垫板内侧一排钉
  - 有下陷的搭接
    - 圆角内侧
- MED—框
  - 应力集中区域
- MED—止裂带
  - 位于止裂带连接处蒙皮上最临界的一排钉

服役或试验经历因素影响 MSD 和 MED 的例子：
- 高应力—误用试样试验数据
- 腐蚀
- 脱胶
- 制造缺陷
  - 表面处理
  - 层板胶层过薄
  - 埋头钉、紧固件安装
- 设计缺陷—表面处理工艺

图 14 - 3　机身蒙皮、框和剪切角片的纵向对缝处

（2）机身蒙皮和长桁的横向对缝处的 MSD 和 MED(见图 14-4)。

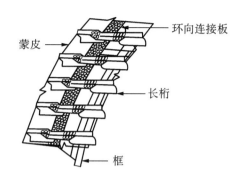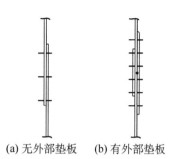

(a) 无外部垫板　(b) 有外部垫板

MSD/MED 的结构形式和部位：
- MSD—环向对缝
  - 无外部垫板
    - 连接板—内侧　　两排钉之间或上
    - 蒙皮—连接板最前或最后一排钉
    - 蒙皮—长桁接头处第一个钉
  - 有外部垫板
    - 蒙皮—外面一排钉
    - 连接板/外部垫板—内侧一排钉
  - MED—长桁/长桁接头
    - 长桁—长桁接头处第一个钉
    - 长桁接头—连接板区域

服役或试验经历因素影响 MSD 或 MED 的例子：
- 高的二次弯矩
- 连接板和连接长桁的高应力水平(误用试样试验数据)
- 不好的设计(材料选错)
- 低于设计要求(过高估计紧固件干涉作用)

图 14-4　机身蒙皮和长桁的横向对缝处

（3）挤压、化铣或胶接搭接接头圆角处 MSD(见图 14-5)。

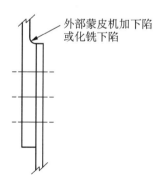

外部蒙皮机加下陷或化铣下陷

裂纹

胶接垫板

MSD 和 MED 的结构形式和部位：
- MSD—突变的截面形式
- 机加的圆角
- 化铣的圆角
- 胶接垫板的端头

服役或试验经历因素影响 MSD 和 MED 的例子：
- 由于偏心引起的高弯曲应力

图 14-5　挤压、化铣或胶接搭接接头圆角处

（4）机身框处的 MED（见图 14 - 6）。

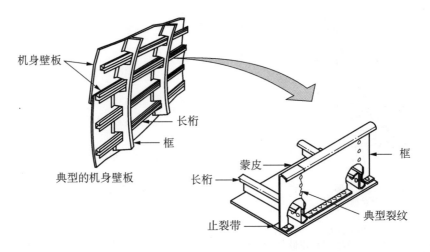

机身壁板

长桁

框

典型的机身壁板

蒙皮

长桁

框

止裂带

典型裂纹

MSD/MED 的结构形式和部位：
- MED—框的裂纹发生在长桁缺口，机身的纵向严重的位置。主要考虑机身结构中非圆形框的那些部位。这些区域的裂纹会导致壁板失稳。

服役或试验经历因素影响 MSD 或 MED 的例子：
- 高的弯矩—非圆形的框
- 局部应力集中
  - 开口处
  - 剪切带

图 14 - 6   机身框处

（5）长桁和框的连接处的 MED（见图 14 - 7）。

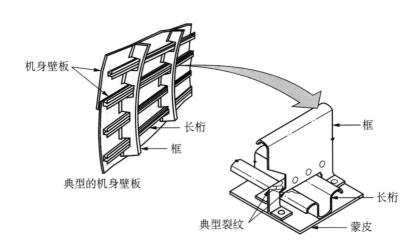

机身壁板

长桁

框

典型的机身壁板

框

长桁

典型裂纹

蒙皮

MED 的结构形式和部位：
- MED—框、角片或长桁裂纹或任何的组合，包括连接，导致丧失框和长桁间的剪切带。这种情况很可能发生在机身长桁和框连接处的环向或纵向位置。

服役或试验经历因素影响 MSD 和 MED 的例子：
- 不好的传力路径应力集中

图 14 - 7   长桁和框的连接处

（6）机身框剪切带处剪切角片紧固件末端 MSD 和 MED（见图 14-8）。

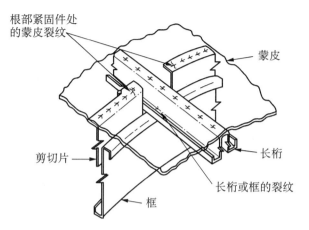

MSD 和 MED 的结构形式和部位：
- MSD—剪切带根部紧固件处的蒙皮
- MED—框连接处长桁的裂纹
- MED—长桁连接处框的裂纹

服役或试验经历因素影响 MSD 和 MED 的例子：
- 预载荷
- 受压引起的局部弯矩
- 不连续的传力路径

图 14-8 机身框剪切带处剪切角片紧固件末端处

（7）球面框辐条与腹板连接处的 MSD 和 MED（见图 14-9）。

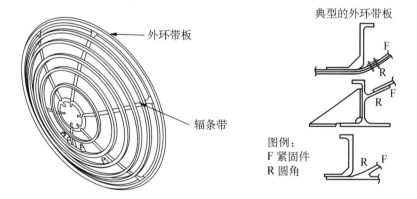

MSD/MED 的结构形式和部位：
- MSD/MED—外环带板
- 连接剖面—圆角位置的那排紧固件
- MED—辐条带
- 球面框蒙皮或连接带板—临界的那排紧固件

服役或试验经历因素影响 MSD 和 MED 的例子：
- 腐蚀
- 高应力—拉伸和压缩的组合
- 圆角处引起的高弯矩
- 不适当的圆角加工—粗糙的表面质量

图 14-9 球面框辐条与腹板的连接处

（8）后压力框处的蒙皮对接处 MSD（见图 14 - 10）。

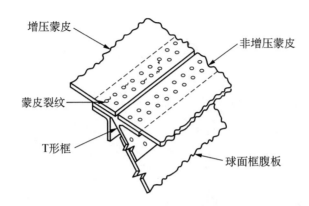

MSD 和 MED 的结构形式和部位：
- MSD—蒙皮根部紧固件孔处

服役或试验经历因素影响 MSD 和 MED 的例子：
- 壳体外形不连续导致弯曲应力
- 高的钉传载荷

图 14 - 10　后压力框处的蒙皮对接处

（9）腹板或蒙皮厚度突变处——气密或非气密区结构的 MSD 和 MED（见图 14 - 11）。

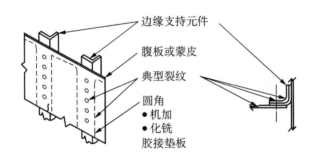

MSD 和 MED 的结构形式和部位：
刚度的突变
- 机加圆角
- 化铣圆角
- 胶接垫板
- 边缘支持元件的那排紧固件
  边缘元件支持结构
- 边缘元件—圆角部位

服役或试验经历因素影响 MSD 和 MED 的例子：
增压结构
- 由压力引起支撑结构的高弯曲应力
非增压结构
- 结构变形导致支撑结构的高应力

图 14 - 11　腹板或蒙皮厚度突变处——气密或非气密区结构

（10）观察窗周围结构处的 MSD 和 MED(见图 14-12)。

窗框结构

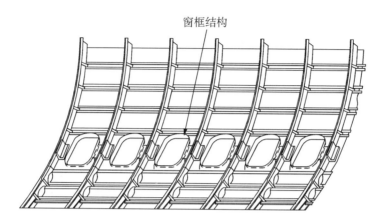

MSD/MED 的结构形式和部位：
- MSD—与窗框结构连接部位的蒙皮
- MED—窗户开口处增强处的重复细节或窗框圆角处

服役或试验经历因素影响 MSD 或 MED 的例子：
- 大的载荷传递

图 14-12　观察窗周围结构处

（11）机翼机身连接处的 MED(见图 14-13)。

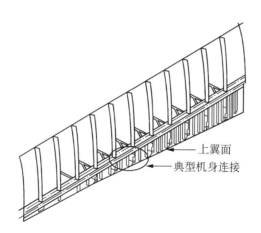

上翼面
典型机身连接

MSD/MED 的结构形式和部位：
- MED—翼身连接处的重复细节

服役或试验经历因素影响 MSD 和 MED 的例子：
- 制造缺陷—预应力
- 变形引起的

图 14-13　机翼机身连接处

（12）舱门的铰链与连接处的 MSD 和 MED（见图 14 - 14）。

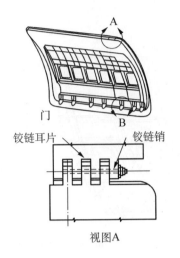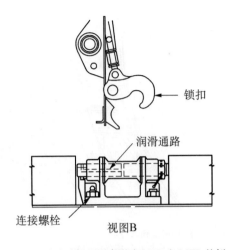

MSD/MED 的结构形式和部位：
- MSD—琴铰链
  - 铰链紧固件连接处
  - 起始于耳片孔
- MED—锁扣
  - 多个锁钩处
  - 锁扣轴处的润滑通路
  - 轴支架连接螺栓（可能腐蚀）

服役或试验经历因素影响 MSD 和 MED 的例子：
- 机身伸长引起的弯曲应力
- 高的局部应力
- 磨损

图 14 - 14　舱门的铰链与连接处

（13）大垫板断开处的蒙皮连接处（MSD）——机身、机翼或尾翼（见图 14 - 15）。

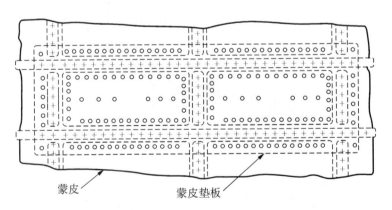

MSD/MED 的结构形式和部位：
- MSD—裂纹起始于垫板断开处蒙皮的多个临界紧固件孔处

服役或试验经历因素影响 MSD 和 MED 的例子：
- 大的载荷传递—高局部应力

图 14 - 15　大垫板断开处的蒙皮连接处—机身、机翼或尾翼

（14）机翼或尾翼的弦向搭接 MSD 和 MED（见图 14 - 16）。

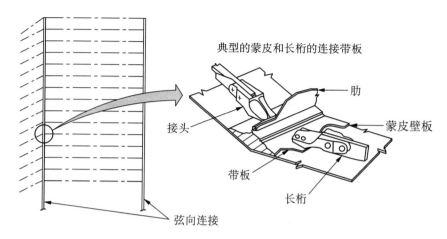

MSD/MED 的结构形式和部位：
- MSD—蒙皮和带板
- 弦向临界的那排紧固件
- MED—长桁在接头断开处
- 长桁接头处疲劳临界的紧固件孔

服役或试验经历因素影响 MSD 和 MED 的例子：
- 高的钉传载荷
- 局部弯曲

图 14 - 16 机翼或尾翼的弦向搭接处

（15）机翼肋与蒙皮连接处的 MSD 和 MED（见图 14 - 17）。

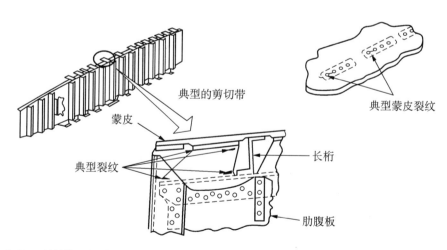

MSD 和 MED 的结构形式和部位：
- MSD—沿肋连接蒙皮的临界紧固件
- MED—位于多个长桁间的肋根部的临界位置（特别是尾翼在声疲劳作用下）

服役或试验经历因素影响 MSD 和 MED 的例子：
- 制造缺陷—由装配顺序引起的预应力
- 声疲劳（尾翼）

图 14 - 17 机翼肋与蒙皮的连接处

（16）典型的机翼和尾翼结构处的 MSD 和 MED（见图 14-18）。

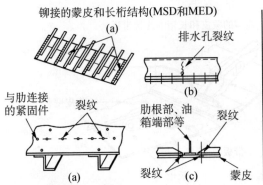

铆接的蒙皮和长桁结构(MSD和MED)

整体加筋蒙皮(MSD)

固有的破损安全和止裂的特性：
- MSD—弦向裂纹连通：
  - a) 肋连接孔
- MED
  - b) 排水或通风孔
  - c) 位于肋根部或油箱端部处的长桁端头

不具有止裂特性的铆接蒙皮和长桁结构：
- MSD—弦向裂纹连通：
  - d) 肋连接孔
  - e) 排水或通风孔
  - f) 位于肋根部或油箱端部处的长桁端头
- MED—变为 MSD

图 14-18　典型的机翼和尾翼结构处

（17）机身搭接处的 MSD（见图 14-19 和图 14-20）。

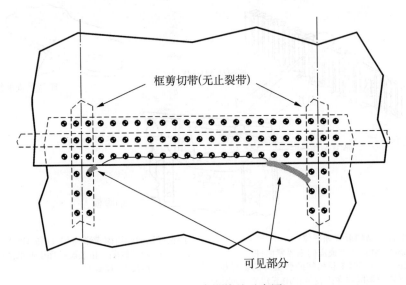

图 14-19　机身搭接处示意图

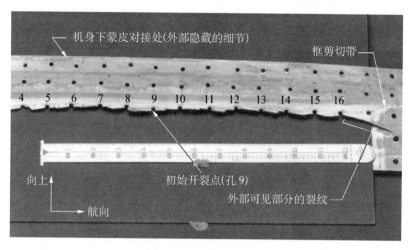

图 14 - 20 裂纹的断口

(18) 机身框处的 MED(见图 14 - 21)。

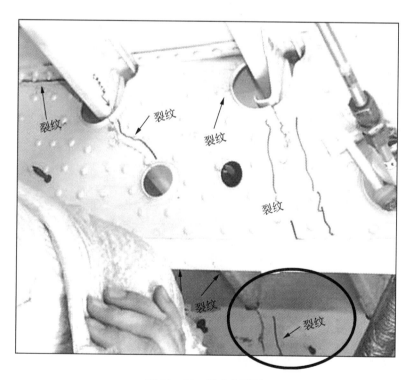

图 14 - 21 机身框裂纹

(19) C130A 飞机机翼的 MSD 和 MED(见图 14 - 22)。

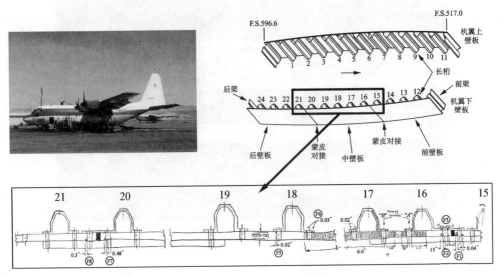

图 14 - 22　C130A 飞机机翼裂纹

(20) T34 飞机机翼的 MSD 和 MED(见图 14 - 23)。

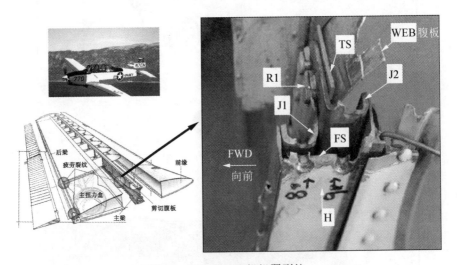

图 14 - 23　T34 飞机机翼裂纹

14.5　广布疲劳损伤的评定方法

14.5.1　导致 WFD 事件发生的基本特性

对于 WFD 敏感的结构区域,关键问题不是 WFD 是否发生,而是 WFD 何时会发生。WFD 发生的时间定义为 WFD(Average Behavior,平均行为)的时刻,它代表着机队中 50％的飞机在所考虑的结构区域范围有可能出现 WFD 的这样一个时刻，如图 14 - 24 所示。因此，WFD 包括裂纹形成阶段和裂纹扩展阶段，前者构成全寿命的主要部分。在裂纹形成阶段，结构的基本强度能力几乎不变。

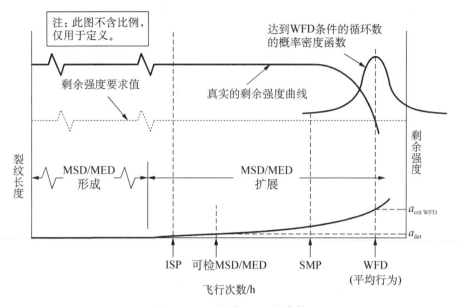

图 14 - 24　导致 WFD 的事件

注：ISP—Inspect Start Period，检查起始时刻
SMP—Structure Maintnance Period，结构更改时刻

真实的剩余强度曲线是平坦的，且等于原始状态的结构强度。而当第一批小裂纹出现时刻开始，其剩余强度开始下降，裂纹继续扩展直到结构的承载能力降低到要求的依据§25.571(b)所建立的损伤容限检查手段的最小强度。由此得到 WFD 所表示的即机队中有 50％的飞机不能满足§25.571(b)所规定的强度要求的那一时刻。

14.5.2　广布疲劳损伤（平均行为）

通过飞机的服役历史、全尺寸的疲劳试验证实、分析或这些方法的组合来预测每个敏感区域结构的 WFD(平均行为)。在预测和评定 WFD 时需要从以下几个方面考虑：

（1）全面分析结构敏感部位的服役历史，包括载荷、使用剖面、使用环境、机队的统计数据，并用飞行起落或飞行小时表示。

（2）重要的生产因素（材料、设计、装配方法以及其他要改变疲劳特性的细节）。

（3）相关的全尺寸和部件疲劳试验数据。

（4）分解检查。

（5）任何有效的分析。

用试验结果进行每一敏感区域 WFD 发生的时刻的预测时，要考虑结构试验中的有关因素,如应力谱、边界条件、试验件构型、材料改变、几何参数及环境影响等。此外,WFD 还可以通过由试验或服役信息支持的理论分析进行评定。

14.5.3 广布疲劳损伤评定方法

无论 WFD 的评定是基于服役数据或全尺寸疲劳试验证实,还是分析以及几种方法的组合,都要考虑以下因素:

1) 初始开裂模式

初始预计发生 MSD 或者 MED 部位的裂纹尺寸,通过经验数据或裂纹发生部位的假设和疲劳评定来确定 MSD 或 MED 初始发生的时刻,可以基于分析方法得到。作为选择,分析可以采用下列两者之一:

(1) 当量初始缺陷分布,通过分析评定疲劳试验中发现的缺陷或拆卸检查反推至零循环或两者确定。

(2) 疲劳裂纹分布,通过相关疲劳试验或服役经验或两者确定。

2) 最终开裂模式

预计的 WFD 的裂纹尺寸,其剩余强度降低到图中的最小要求水平。这是个复杂的三维弹塑性问题,而 WFD 的总时间主要取决于裂纹形成阶段,因此,采用分析和试验的方法可以提供可接受的预计结果。例如,MSD 可以确定为一排铆钉孔第一个出现裂纹的时刻;MED 可以确定为两到三个相邻结构件同时出现裂纹的时刻。

3) 裂纹扩展

通过线弹性断裂力学分析或试验及服役的经验数据得到从初始尺寸到最终尺寸的裂纹扩展分布状态。已经有的裂纹扩展预测方法有:

(1) 分析方法,典型地以线弹性断裂力学为基础。

(2) 经验方法,通过试验数据或服役的断口显微镜像数据。

4) MSD 与 MED 之间的差异

表征 WFD 事件的方法其细节上有所不同,取决于是 MSD 还是 MED。由于裂纹相互影响不同,MSD 和 MED 的评定方法也就不同。对于 MSD,裂纹之间存在强裂纹相互作用的潜力,分析时需要考虑多条裂纹之间的相互影响。而对大多数情况下的 MED,没有强裂纹相互作用的潜力。

如果 MSD 和 MED 均可能发生,分析评定时要分别考虑,只有当门槛值(ISP 或 SMP)预示 MSD 和 MED 高度相关则需要考虑两者。如果 MSD 和 MED 在一个结构区域内同时发生(尽管不是经常),应当同时考虑 MSD 和 MED 以及它们之间的相互作用,这势必增加了分析的难度和复杂性。如果一个结构区域易倾向于 MSD 或 MED,可以假设 MSD 和 MED 是独立的。只有当 MSD 和 MED 的门槛值(ISP 或 SMP 或形成)显示出高度的相互作用的可能性时,才必须考虑 MSD 和 MED 同时存在的这种开裂模式。

5) 多部位损伤(MSD)评定

在评定 MSD 时,需要考虑某些假设或方法对 WFD 评定结果产生的影响:

（1）用于裂纹扩展分析的初始裂纹假设。

（2）使用的材料特性（静力、疲劳特性、断裂力学）。

（3）裂纹间的韧带破坏准则。

（4）使用的裂纹扩展方程。

（5）用于评定结构疲劳行为的统计数据（如裂纹形成时间）。

（6）确定 SMP 的方法。

（7）假设的可检裂纹尺寸。

（8）初始缺陷分布。

（9）用于确定 WFD（平均行为）的下界行为的因素。

6）多元件损伤（MED）评定

用于 MSD 评定的方法一般也适合于 MED。与 MSD 情况相比所不同的是，确定 MED 情况的失效模式和影响要比 MSD 情况复杂得多，其中的一个原因是裂纹相互作用不会对 MED 情况的结构剩余强度造成显著影响。

MED 的另一个问题是相邻结构元件同时开裂的重要性，这是 MED 独有的。当第一条裂纹在一个元件上形成后，紧随着在与其紧邻元件上形成下一条裂纹的概率也许不是非常高，但可能对整个结构造成严重后果，因为两个相继失效的结构元件使结构完全丧失了其必须忍受任何附加损伤的能力。在考虑多于一个元件破坏的 MED 模式时，应该假设破坏是先后紧接着的，但计算这样一个事件的概率没有任何实际意义。

有关 MED 评定的具体方法可概括如下：

（1）当确信在 SMP 时刻邻近元件发生裂纹仅仅是小概率时，可保守地假设邻近裂纹。

（2）一般地，在 MED 情形中没有裂纹相互作用。但是当载荷路径失效时，应当考虑载荷的重新分配。

14.6　结构更改时刻与检查起始时刻的确定

广布疲劳损伤导致结构不再承受剩余强度载荷，这种持续的恶化可以用统计方法定量。图 14-25 中的 WFD 是不可能绝对预测的，因为无论它如何小，总是存在一定的发生概率。因此在预测的理论分析时刻（飞行起落或飞行小时）时，更改或更换结构可以降低机队中 WFD 发生的概率，称这一时刻为 SMP。

WFD 是用 2 倍的疲劳试验来确定的，SMP 通常是 WFD 的一部分，其可接受的可靠性水平等于 MSD 或 MED 的检查间隔（基于有效的裂纹检查手段）。MSD 或 MED 的检查必须在 SMP 之前贯彻，贯彻的起始时刻就是 ISP，维持有效的裂纹检查对于重复检查通常是必要的，如果对 MSD 或 MED 的裂纹检查手段是无效的，则 SMP 就等于 ISP。总之，SMP 是机队中可能发生 WFD 结构区域的最小值，即机队中有较高比例的飞机在 SMP 之前不发生 MSD 或 MED。

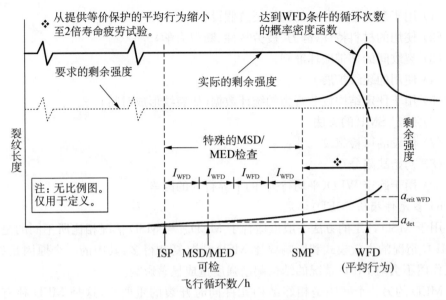

图 14-25　ISP 和 SMP 示意图

1）结构更改时刻（SMP）

将 WFD 除以一定的系数得到 SMP，如果检查手段有效则系数为 2，若检查手段无效则系数为 3。在 WFD 评定中，SMP 对应于机队中有超过一架或更多的飞机在特定结构区域出现 WFD。初始确定的 SMP 可以通过附加的疲劳试验、剩余强度试验、分解检查、服役数据的分析等方法进行延伸与降低。

2）检查起始时刻（ISP）

如果检查手段被确定为有效的，则初始检查的时刻就确定为 ISP。图中该时刻的确定是通过基于疲劳试验、分解检查或类似结构的服役经验进行初始裂纹统计分析得到的。ISP 可以通过 WFD 除以一个适当的系数（通常为 3）来建立。

3）检查间隔

必须建立在有效的检查方法上，因为其高度依赖于可检裂纹尺寸和特定检查方法的检出概率。

14.7　使用限制及其建立

14.7.1　使用限制

使用限制是对整架飞机而言的，是用总飞行起落数或飞行小时数及使用年限来表示的一段时间周期。使用限制究竟采用起落数还是飞行小时数取决于飞机结构的疲劳损伤是由高飞行次数还是长飞行小时数。对于机身结构要求基于飞行次数的使用限制，因为机身典型地累计了由每次飞行的增压和减压导致的疲劳损伤，而对于机翼结构要求基于飞行小时数的使用限制，因为它典型地累计了由随时间重复的飞行载荷导致的疲劳损伤。

如果不知道所用的设计和使用变量如平均飞行高度等,则无法将这两个限制关联起来。因此,申请人既要确定飞行小时数限制,也要确定飞行次数限制。无论哪一个先达到,飞机都要受到限制,一般航空公司使用飞机时都会合理计划每架飞机的起落数与飞行小时数,以使其趋于飞机的中程飞行任务剖面。

定义首次为飞机确定的使用限制称为 IOL。任何一个后来为飞机确定的使用限制则称为 EOL。为了确定使用限制,申请人必须在飞机结构 WFD 评定的基础上,将每一个易发生 WFD 的结构区域 ISP(如果有的话)和 SMP 与飞机的使用限制进行比较。比较的结果将决定:

(1) 不需要维修行动,如果 ISP(如果有的话)和 SMP 都大于使用限制;或者

(2) 需要维修行动,如果 ISP(如果有的话)小于使用限制和 SMP 大于使用限制;或者 ISP(如果有的话)和 SMP 都小于使用限制。

申请人必须决定哪些维修行动(如果有的话)对防止 WFD 在飞机使用限制之前发生是必要的。申请人所采取的针对 WFD 的维修行动取决于使用限制、结构区域 WFD 的裂纹或损伤模式以及使用现有检测方法检出 MSD 或者 MED 的概率。当必须采取维修行动时,申请人需要确定针对 WFD 的检查、更改或更换或它们的任一组合。

在确定维修行动时,申请人必须评定任何的检查起始时刻(Inspect Start Period,ISP)和结构设计改进点(Structure Modification Point,SMP),以确定维修行动对支持使用限制是必需的。每一个检查必须包含检查方法、ISP 和重复检查间隔。检查也应当包括起止裂作用的结构。每一个更改和更换必须包含更改或更换的方法以及 SMP。

作为选择,申请人可以减少使用限制使其小于 ISP(如果有的话)和 SMP,这样就可以不需要维修行动。对维修行动的评定还应当包括现有服役资料(如补充结构检查文件、强制性检查,强制性维修或更换),以确定现有服役资料是否需要针对WFD 进行修订。虽然符合性不要求此项评定,但即使当 SMP 或 ISP 和 SMP 与使用限制的比较显示不需要维修行动,也应当进行此项评定。

14.7.2　初始使用限制 IOL 的建立

(1) 依据 §25.571 建立初始使用限制。申请人必须通过全尺寸疲劳试验表明在 IOL 之前 WFD 不会在飞机结构上发生。在疲劳试验完成之前,申请人所建立的使用限制应等于疲劳试验循环数的一半。随着疲劳试验循环数的累积,可以据此调整使用限制。在完成全尺寸疲劳试验之后,申请人应当进行特定的拆毁检查和损伤的定量分析以确定是否有 WFD 发生,然后建立该飞机型号的 IOL,并经过适航批准。

(2) 依据 §25.1807 建立初始使用限制。在依据 §25.1807 建立 IOL 时,申请人必须评定飞机的结构构型,使其必须由在 TC 批准下的所有型号变化及衍生型以及针对该飞机颁布的结构更改或更换的所有适航指令(AD)构成。在评定飞机结构构型的基础上,申请人必须鉴别易发生 WFD 的结构,并就 SMP 或 ISP 和 SMP 与

为飞机型号所建议的 IOL 作出比较,并基于此比较,建立一个 IOL。

14.7.3　延伸使用限制 EOL 的建立

在新规章 §25.1811 中定义了延展使用限制 EOL,申请人可以在 §25.1811 下申请延伸现有的使用限制,但必须证实在飞机到达 EOL 之前不发生 WFD。EOL 反映了飞机型号设计的主要变化,也包括特定的维修行动,它是批准新使用限制的一个组成部分。延伸使用限制要与任何相应的 ALI 一起建立在 ALS 中。EOL 的建立需要考虑飞机的构型(型号的变化和衍生、执行的维修计划、所有结构的修理更换和更改)及所有结构构型中 WFD 的评定。

EOL 的建立基于以下内容:

(1) 飞机结构构型。申请人必须鉴别待评定 WFD 的飞机型号结构构型。飞机结构构型必须由下列组成:

(a) 在请求要延伸的 TC 下批准的所有型号变化和衍生型。

(b) 由 TC 或 STC 持有人确定为对支持现有使用限制(IOL 或先前的 EOL)是必需的任何维修行动。

(c) 在新的 EOL 批准日之前,实施于每架受影响飞机上的(无论是否是 AD 要求的)所有的结构修理、更换和更改。

(2) 结构的 WFD 评定。该评定与建立 IOL 的评定是相同的。

申请人要制订维修计划以阻止 WFD 在 IOL 之前发生,建立检查、更改、更换或这些方法的组合来强调 WFD,得到适航批准后执行。在对 WFD 进行评定后建立了某结构区域的 SMP、ISP 和飞机的 IOL,比较 SMP、ISP 和 IOL,可以得出:

(a) 如果 ISP、SMP<IOL,则不需要制订维修计划。

(b) 如果 ISP<IOL<SMP,则需要制订维修计划。

(c) 如果 ISP、SMP>IOL,则需要制订维修计划。

14.8　适航限制条款的建立和修订

持续适航文件(ICA)的 ALS 是 25 部(25—54 及以后的修正案)所要求的,它包含强制的结构检查或更换次数。

(1) 根据 §25.1529 条款和附录 H,要建立包括 IOL 在内的 WFD 一节的适航限制条款,这些包括 ALS 的持续适航指令(ICA)要与飞机一同提交适航,并经过适航批准。体现 EOL 并依据 §25.1529 要求制订的 ALS 要经过适航批准。对于将来设计的改变(ATC 或 STC),根据 ICA 编制的 ALS 中要包含 ALI。这些 ALIs 要定义维修计划来保证飞机能到达 IOL。如果 EOL 批准了,那么就要包括这些 ALI 的服役信息来支持这种限制。

适航当局在型号合格审定过程中批准这些内容(ICA、ALS、ALI)时,全尺寸疲劳试验可能完成,也可能没有完成,此时应采取如下方法:

(a) 疲劳试验没有完成(使用限制):一般情况下应在疲劳试验完成之前颁发

TC 证,在试验完成之前,使用限制必须等于疲劳试验循环数的一半,依据 25 部的附录 H,ALS 必须包含使用限制。当试验进行了一些循环数后,使用限制可跟着调整。在颁发 TC 证时疲劳试验必须证实至少有一个日历年的安全使用期。在全尺寸疲劳试验完成时,申请人要建立特定的检查和分析来确定 WFD 是否发生。在疲劳试验完成前和 IOL 建立之前,任何飞机运行都不能超过 ALS 中给出的循环数。

(b) 疲劳试验已经完成(初始使用限制):依据 25 部的附录 H,包含 IOL(定义为飞行起落或飞行小时的总和)的 ALS 获得适航条款 §25.571 的批准。

(2) 依据 §25.1807,对当前已经有 ALS 的 DAH,必须修订 ALS 使其包含 IOL。对当前还没有 ALS 的 DAH,必须建立 ALS 使其包括 IOL。任何新的 ALS 或对 ALS 的任何修订都必须提交给 FAA 监督办公室审查和批准。

(3) 请求批准 EOL 的人员,必须依照 §25.1529 要求将 EOL 纳入 ALS,含 EOL 的 ALS 是对现有 ALS 的补充。

(4) 对未来的设计变更(ATC 和 STC),与 ICA 一起编制的 ALS 要包含 ALI,这些 ALI 定义了确保飞机达到其 IOL 前的维修行动。如果 EOL 获得批准,ALS 就要包含这些 ALI 以支持该使用限制。

14.9 结构 WFD 的修理、更换和更改

对于下列型号的修理、更换和更改,要考虑相关的 WFD 包括客货机的转换(包括增加主要的货舱门)、重量增加(运营重量、零油重量、着陆重量、最大起飞重量)、机身开口布置增加(登机门、应急出口、驾驶员逃逸口、机身检查口、旅客窗的重新布置)、发动机更新或吊挂更改、发动机部件和短舱改变。

机翼更改(如小翼的安装、飞行控制位置的改变、机翼后缘改变)、更改修理或更换蒙皮连接、任何影响框距的更改修理或改变、需要运营人维修行动来执行一定时期检查的结构更改、导致载荷/应力谱关键因素的运行剖面改变的更改(客货机的转换)、用目视方法将机身面积改变(从外部检查到不用检查)的更改(如导致隐藏细节的较大机身外部垫板使其目视不可检)。

14.10 修理、更换和更改结构的符合性评定

新颁布的 FAR26 部要求对修理和更换后的结构要进行损伤容限评定,给出的数据要经过适航的批准。

14.10.1 名词定义

(1) 基本结构是指原设计的取证构型或改进型飞机的结构。

(2) 损伤容限评定(DTE)是指确定维修行动所必需的检测或预测那些导致灾难性破坏的疲劳裂纹的过程。当实施了修理或更换后,损伤容限的评定就包括了修理或更换的结构,以及由于修理或更换引起疲劳临界结构的评定。

(3) 损伤容限检查(DTI)是指由 DTE 评定得到的检查结果,包括检查部位、检

查方法、检查程序、以及接受与拒收的判据、检查门槛值和与这些检查方法相关的检查间隔。DTI 需要确定当修理或更换需要替换或更改的一段时间。如果 DTE 的评定结论给出补充的损伤容限检查是不必要的话,则 DTI 需要包括影响的说明。

（4）DT 数据是指 DTE 文件和 DTI。

（5）DTE 文件是指评定的疲劳临界结构、基本的假设以及 DTE 的结果。

14.10.2　评定要求

疲劳临界结构包括修理或更换的结构,这些结构可以是基本结构的一部分,也可以是更换的结构。执行计划包括完成必需的行动所需要的时间,这些行动项目是指修理或更换的 DT 数据,以及将这些数据编入操作者的持续适航维修大纲中。这些文件确定了何时执行这些行动项目,即确定的飞行小时、飞行起落数,或者两者。公布的修理数据是对完成修理的指导,这些数据在结构修理手册和相关的服役文件中。

14.11　FAR 25 部修正案 25－132 分析

14.11.1　修订的背景分析

如前面介绍的 2006 年 4 月 18 日发布的新政策草案,题为"老飞机项目:广布疲劳损伤"的建议的规章制订公告（NPRM）。该提议是由航空规章咨询委员会（ARAC）建议的。NPRM 包括众多关于飞机设置和支持初始运行限制。FAA 提议本规章应该应用于最大起飞重量超过 75 000 lb 的运输类飞机。

对于新飞机,FAA 提议修改 25.571 和附录 H,要求新的型号合格证申请人建立初始运行限制,并包括飞机持续适航说明的适航限制部分。同时局方还建议申请人编制指南评估维修、改装和修理的 WFD。并增加了 25.1807、1809、1813 条款。与此对应的在 2006 年 5 月 22 日发布的 AC120－YY（金属结构的广布疲劳损伤）,以及 2006 年 8 月 18 日发布的 AC25.571－1X 都阐述了广布疲劳损伤的评定。

14.11.2　草案与最终修正案的差别

1）实质性的变化

最终的修正案是 132 号,发布于 2011 年 1 月 14 日,与 2006 年 4 月 18 日发布的新政策草案相比,有如下实质性的变化。

FAA 取消了与大多数修理、更换与更改的飞机基本结构的 WFD 评定,最终的规章用"支持维修大纲的工程数据有效性限制"（LOV）来代替"初始使用限制"。FAA 发现 LOV 比 IOL 更适合定义飞机安全运营的那个限制点。最终规章在 FAR26.21 中建立 LOV 的要求是通过试验与分析,或者通过服役经验和类似结构飞行到最多的次数或小时的拆毁检查结果得到。这一准则与 FAR25.571(b)类似。规章同样定义了如何确定延伸的 LOV,也可用同样的确定 LOV 的方法。

FAA 对现有飞机也给出了延伸符合性的时间要求,在此时间内,持证人必须建立 LOV。而这些时间是根据飞机的使用年限变化的,对于老龄飞机规章生效后有 18 个月,对于新飞机规章生效后有 60 个月。另外,运营商需要将 LOVs 编入维修大纲中。这些时间也与飞机的使用寿命有关,在获得 TC 证后给运营商 12 个月时间将 LOV 编入维修大纲。运营商的符合性时间在规章生效后有 30~72 个月的期限。FAA 同样也修改了运营规章,修正了持证人在没有建立 LOV 之前,运营人在职责范围内可能出现的模棱两可的做法。另一个变化就是对现役飞机的适用性要求。

2) 为 DAH 颁布了新的 26 部适航要求

FAA 将对 WFD 的老龄飞机在 25 部 I 分部提出了 Enhanced Airworthiness Program 的要求。如同系统和防火要求一样,FAA 经过进一步研究,决定将 WFD 要求放入 26 部和 21 部。新颁布的 26 部替代了草案中 25 部的条款(见表 14-2)。

表 14-2　广布疲劳损伤的适航条款

26 部	25 部
C 分部—老龄飞机安全性—广布疲劳损伤	I 分部—持续适航
§26.5 适用性表	
§26.21 有效性限制(LOV)	§25.1807 初始使用限制:广布疲劳损伤(WFD)
	§25.1809 更改型号合格审定:广布疲劳损伤(WFD)
§26.23 延伸的有效性限制(LOV)	§25.1811 延展使用限制:广布疲劳损伤(WFD)
	§25.1813 修理、更换和更改:广布疲劳损伤(WFD)

3) 运营规章的新分部

对于老龄飞机的 WFD 规章制订公告主动提出了对于运营规章 121 和 129 部增加的新分部,即 AA 和 B 分部。自从 EAPAS/FTS 提出了最终的法规,新的分部也就开始采纳了。这样,FAA 也就将这些改变和相关的研究编入了最终的规章。新的规章增加了与 WFD 相关的要求,增加了 FAR121.1115 和 FAR129.115。

4) 运行限制的概念

最终的规章要求持证人建立有数据支持维修大纲的 LOV。前面提出的规章要求持证人在超过所建立的初始使用限制飞机不能运营。初始使用限制是基于证明在初始使用限制内不发生 WFD。一些评论家支持对老龄飞机 WFD 的早期检测,但是违背了超过所建立的初始使用限制后飞机不能运行的要求。这些评论家提出等价的建立这样的限制,即强制这些飞机退役,并建议 FAA 增加现行的维护大纲和实践。

5) IOL 改为 LOV

最终的规章使用 LOV,表示当飞机超过这个限制点后就不能运营了,除非延伸的 LOV 获得了适航批准。

LOV 需要通过试验和分析验证。这些验证可以通过服役经验或者有可能的话，通过试验的拆毁检查结果。而这些服役经验或拆毁检查结果必须是类似结构设计的高龄飞机，需要考虑运营条件和程序不同的因素，此外，工程数据必须支持超过 LOV 的运营。初始使用限制和有效性限制的法律效应是一样的，因此，最终的规章用 LOV 代替 IOL。

6) 修理、更换和更改结构

最终的规章要求持证人对飞机型号建立 LOVs。然而建议的规章并未包括对于那些飞机所强调的 WFD 的修理、更换和更改结构，也未包括对所强调的修理、更换和更改结构编制指南。建议的规章要求对基于飞机基本结构的修理、更换和更改结构的评定，同样还需要对修理、更换和更改结构编制指南。在包括修正案 25 - 96 的 25.571 或之后的规章中已要求修理、更换已取证飞机的持证人必须表明在飞机直到设计服役目标寿命期内不会发生广布疲劳损伤。

修正案 25 - 132 在 2011 年 1 月 14 日生效，疲劳要求的发展历程如图 14 - 26 所示。

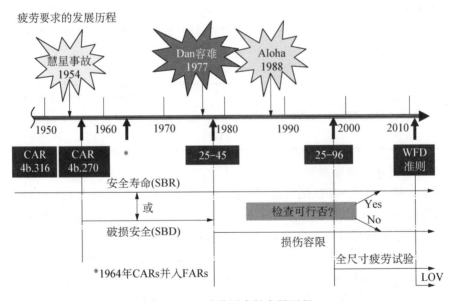

图 14 - 26　疲劳要求的发展历程

14.11.3　修订的主要内容

本修正案主要目的是在 FAA 适航规章中增加针对运输类飞机审查和运行的要求，以防止发生广布疲劳损伤。对于现役飞机，本规章要求设计批准书持有人对飞机进行评估，建立支持结构维修项目(LOV)的工程数据的法律限制。对于未来的飞机，规章要求在本规章生效之日后所有型号合格证申请人都必须建立 LOV。设计批准书持有人和申请人必需证明飞机不会发生广布疲劳损伤危害直至 LOV。本规章要求任何受影响飞机的运营人补充 LOV 进入飞机维修大纲。除非超出 LOV 的延伸已被批准,否则运营人不能操纵飞行一架超过 LOV 的飞机。

1) 关于 25.571 条款的修订

对 25.571 条 结构损伤容限和疲劳评定的修订如下:

(a) ＊ ＊ ＊

(3) 基于本条要求的评估,当必要时,必须建立检查或其他程序以防止灾难性破坏,必须包括在第 25.1529 条要求的持续适航说明的适航限制部分。规定使用大量的累积飞行循环数和飞行时间或两者,建立的支持结构维修项目(参考 LOV)的工程数据限制的合法性,必须包括在第 25.1529 条要求的持续适航说明的适航限制部分。下面类型结构的检查点必须通过裂纹扩展分析和/或试验确定,假定结构存在由于制造和交付使用损坏而造成最大可能尺寸的初始缺陷。

(b) 损伤容限评估。评估必须包括由于疲劳、腐蚀或意外损伤可能发生的位置和类型的确定。通过试验验证和服役经验(如果可以获得)支持重复载荷和静力分析的评估。广布疲劳损伤的特殊考虑必须包括设计细节和损伤出现的部位与类型。对于每一个 WFD 部位必须制定 LOV 和与之相应的时间,规定为累积飞行循环次数或飞行小时的总数,或两者同时使用,应证明在此期间内飞机结构不会因为广布疲劳损伤而出现损坏。

必须采用全尺寸的疲劳试验验证。型号合格证可以在完成全尺寸疲劳试验之前被颁发,但需要向局方提供已经批准的完成要求试验的计划。在该情况下,第 25.1529 条要求的持续适航说明的适航限制部分必须详述不允许飞机超出飞机疲劳试验总循环数 1/2 的循环数的运行,直到试验完成。在飞机使用寿命期内任何时间的损伤范围的剩余强度评估必须与再重复载荷下的初始检测和随后裂纹扩展一致。剩余强度评估必须表明剩余结构能够在下面条件承受载荷(按照极限静载荷考虑);

2) 关于附录 H 的修订

对附录 H 持续适航说明的修订如下:

＊ ＊ ＊ ＊ ＊

H25.4 适航限制部分。

(a) ＊ ＊ ＊

(1) 每一个按照第 25.571 条批准的强制修改时间、更换时间、结构检查间隔和相关结构检查程序。

＊ ＊ ＊ ＊ ＊

(4) 支持结构维修项目(LOV)的工程数据有效期限制,规定按照第 25.571 条批准的累积飞行循环或飞行时间总数,或两者同时使用。在全机疲劳试验完成和 FAA 已经批准 LOV 之前,飞机累积循环数不能大于疲劳试验累积循环数的 1/2。

14.11.4 AC25.571‑1D 分析

这一 AC 提供了符合 25 部,运输类飞机损伤容限与疲劳评定的要求,包括广布疲劳损伤和建立 LOV 的工程数据,用以支持结构维护大纲(之后要查阅的 LOV)。此 AC 同样也包括了适合离散源损伤的评定指南。

14.11.5 AC120‑104 分析

这一 AC 也包括了符合§26.21、§26.23、§121.1115 和§129.115 的指南。阐述了取证人如何建立 LOV 的工程数据,能支持那些飞机的结构维护大纲(之后要查阅的 LOV)。同样叙述了如何重视支持 LOV 而确定的必要的维护行动项目。并告知那些飞机的运营商如何将 LOV 融入他们的持续适航维护大纲中。最后 AC 为有意愿延伸 LOV 的人提供了指南。对于 2011 年 1 月 14 日以后取证的指南均包含在 25.571‑1D 中。对于延伸 LOV 的指南在§25.571、§26.21、或§26.23 中可以找到。此 AC 中描述的行动项目其目的是为了运输类飞机机队在直到 LOV 前避免广布疲劳损伤(WFD)的出现。

14.11.6 FAR26 部分析

新颁布的 FAR26 部要求对修理和更换后的结构进行损伤容限评定,给出的数据要经过适航的批准。

FAR26 部 C 分部—老龄飞机安全—广布疲劳损伤:

§26.21   有效性限制。

§26.23   延伸的有效性限制。

FAR26 部 E 分部—老龄飞机安全—修理与更换的损伤容限数据:

§26.41   定义。

§26.43   TC 持证人与申请人的修理。

§26.45   TC 持证人的更换与修理更换。

§26.47   STC 持证人与申请人的更换与修理更换。

§26.49   符合性计划。

FAR26 部是对老龄飞机经过修理和更换后的损伤容限数据的要求,这是一部追溯性的规章。同样也适用于新取证飞机修理方法的损伤容限数据的要求,颁布后就需要执行。

14.11.7 确定 LOVs 的方法

最终规章的§26.21(b)要求取证人建立 LOV 的工程数据用于支持结构维护大纲。LOV 表征的是一段时间,以累积飞行次数或飞行小时,或两者来表示,取证人要表明在此段时间内飞机不会发生 WFD。必须验证包含飞机结构构型的评定,并通过分析和试验验证。如果可能,服役经验和拆毁检查结果可以加入有试验依据的分析,以提供附加的证据。服役经验和拆毁检查必须针对类似结构设计的高龄飞机,并考虑不同运营条件和程序。

LOVs 的确定步骤：

(1) 确定"可选择的 LOV"。

(2) 确定 WFD 可能出现的结构部位。

(3) 对所有可能的 WFD 结构部位进行评定。

(4) 最终制订 LOV 和建立必要的维护行动项目。

14.11.8　确定延伸的 LOVs 的方法

建议的 §25.1811 提供了利用类似的建立初始使用限制（IOL）的程序、建立延伸的使用限制（EOL）的方法。评定的构型不仅包括取证飞机所有的改型机衍生型的延伸需求，而且还包括飞机所有结构的修理、更换或更改结构，无论其是否执行了适航指令。

最终规章的 §26.23(b)（建议草案中的 §25.1811）包含了为了获得批准的延伸 LOV 的要求，这是指对应的一段时间，用累积飞行次数或飞行小时，或者两者来表示，已超过了现有的 LOV（已证明飞机在这段时间内不会发生 WFD）时间。验证必须包括飞机结构构型的评定，要有试验验证和分析，如可能类似结构设计的高龄飞机的服役经验和拆毁检查结果可以用来证明，需要考虑不同的运营条件和程序。此条款的要求与建立 LOV 的相同。FAA 将修理、更换和结构更改的评定要求移至 §26.23。

14.11.9　对修理、更换和更改结构延伸 LOVs 的确定

EASA 指出，对于现存的修理、更换和结构更改必须在 LOV 延伸的时间内评定 WFD。并指出随着飞机年限增加的修理、更换和结构更改使得出现 WFD 的风险增加。文中的研究表明，延伸必须基于飞机结构的构型，如同初始的 LOV 确定一样。建立延伸 LOV 的人需要确定持续适航限制项目中条件和限制要求，以便使用其延伸。例如，延伸的 LOV 只有对那些在特定座舱压差条件下或在最大着陆重量状态下适用。运营商可以对飞机进行评定，并在延伸前使用特定的行动项目，AC120 - YY 关于这一点提供了附加的指南。

14.11.10　平均行为 WFD 的确定

如果全尺寸疲劳试验件在经历了 X 试验周期后承受了 §25.571(b) 中最小的剩余强度要求，就可以保守地假设所有 WFD 的结构的 WFD（平均行为）等于 X。假定 MSD/MED 的检测不可行，根据 AC120 - 104，更换或更改结构的 WFD 就等于 $X/3$。对于 MSD/MED 可以检测的区域，申请人可以延迟 WFD 等于 $X/2$，并在 $X/3$ 的时刻提供对 MSD/MED 的检测。申请人在利用全尺寸试验确定周期时必须考虑这些系数。

参 考 文 献

[1] CCAR - 25 - R3. 中国民用航空规章,第 25 部　运输类飞机适航标准[S]. 北京:中国民用航空总局,2001.

[2] CCAR - 21. 中国民用航空规章,第 21 部:产品和零件的审定程序[S]. 北京:中国民用航空总局,2004.

[3] CCAR - 91. 中国民用航空规章,第 91 部:一般运行和飞行规则[S]. 北京:中国民用航空总局,2004.

[4] CCAR - 121. 中国民用航空规章,第 121 部:大型飞机公共航空运输承运人运行合格审定规则[S]. 北京:中国民用航空总局,2004.

[5] CCAR - 125. 中国民用航空规章,第 125 部:大型飞机合格审定与运行[S]. 北京:中国民用航空总局,2004.

[6] CCAR - 129. 中国民用航空规章,第 129 部:大型飞机的运行规则[S]. 北京:中国民用航空总局,2004.

[7] AC25.571 - 1C. Damage Tolerance and Fatigue Evaluation of Structure [S]. USA:FAA, 1998.

[8] AC25.571 - 1X. Damage Tolerance and Fatigue Evaluation of Structure [S]. USA:FAA, DRAFT.

[9] AC25 - 19. Certification Maintenance Requirements [S]. USA:FAA, Nov. 28,1994.

[10] AC25 - 21. Certification of Transport Airplane Structure [S]. USA:FAA, Sep. 1,1999.

[11] AC - ARJ21 - 02 ARJ21. 飞机合格审定计划政策指南[S]. 北京:中国民用航空总局,2007.

[12] AP - 21 - 03R4. 适航管理程序:型号合格审定程序[S]. 中国民用航空总局,2011.

[13] AC 20 - 128A. Design Consideration for Minimizing Hazards Caused by Uncontained Turbine Engine and Auxiliary Power Unit Rotor Failure [S]. USA:FAA, Mar. 25,1997.

[14] ATA MSG - 3. Operator/Manufacturer Scheduled Maintenance Development [R], Revision 2003. 1

[15] 咨询通告 AC21 - 25. 运输类飞机持续结构完整性大纲[S]. 北京:中国民用航空总局航空器适航司,2000.

[16] 中国民用航空总局航空器适航司. 运输类飞机结构设计要求和损伤容限评估[G]. 北京:中国民用航空总局航空器适航司,1992.

[17] AC91 - 56B. Continuing Structural Integrity Program for Large Transport Category Airplanes [S]. UAS:FAA, Mar. 7,2008.

[18] AC25. 1529 - 1A. Instructions for Continued Airworthiness of Structural Repairs on

Transport Airplanes［S］. USA：FAA, Nov. 20,2007.

［19］ AC26‐1. Part26, Continued Airworthiness and Safety Improvements［S］. USA：FAA, Nov. 8,2007.

［20］ AC120‐93. Damage Tolerance Inspections for Repairs and Alterations［S］. USA：FAA, Nov. 20,2007.

［21］ AC120‐73. Damage Tolerance Assessment of Repairs to Pressurized Fuselages［S］. USA：FAA, Desp. 14,2000.

［22］ Department of Transportation, Federal Register, Proposed Rules［R］. FAA Vol. 71, No. 74, April 18,2006.

［23］ AC120‐XX. Damage Tolerance Inspections for Repairs［Z］. USA：FAA, DRAFT.

［24］ AC120‐YY. Widespread Fatigue Damage［Z］. USA：FAA , DRAFT.

［25］ AC 25. 571‐1D. Damage Tolerance and Fatigue Evaluation of Structure［S］. USA：FAA, Jan. 13,2011.

［26］ AC120‐103. Fatigue Risk Management Systems for Aviation Safety［S］. USA：FAA, Aug. 3,2010.

［27］ AC120‐104. Establishing and Implementing Limit of Validity to Prevent Widespread Fatigue Damage［S］. USA：FAA, Jan. 10,2011.

［28］ FAR26. Continued Airworthiness and Safety Improvements for Transport Category Airplanes ［S］. USA：FAA, Nov. 8,2007.

［29］ AC26‐1. PART 26, Continued Airworthiness and Safety Improvements［S］. USA：FAA, Dec. 3,2007.

［30］ 郑晓玲,李令芳. 民机结构耐久性与损伤容限设计手册(上册)疲劳设计与分析［M］. 北京：航空工业出版社,2003.

［31］ 郑晓玲,张民孚. 民机结构耐久性与损伤容限设计手册(下册)损伤容限设计与分析［M］. 北京：航空工业出版社,2003.

［32］ 曹定国,仇仲翼. 民用飞机结构腐蚀控制设计手册［M］. 北京：中国航空工业总公司民用飞机系统工程部,1994.

［33］ 航空航天工业部第六二一研究所,第六四〇研究所. 民用飞机腐蚀控制［G］,北京：航空工业出版社,1992.

［34］ 郑作棣,等. 民用飞机设计要求［M］,北京：航空工业部民机局,1987.

［35］ 郑作棣. 运输类飞机适航标准技术咨询手册［M］. 北京：航空工业出版社,1995.

［36］ 斯而健. 民用飞机设计服役目标的确定［J］. 上海：民用飞机设计与研究,2005.4：1—4.

［37］ 郑晓玲,鲍蕊,费斌军. 含相似多细节结构的构件疲劳额定系数研究［J］. 郑州：机械强度,2009,31(1)：128‐131.

［38］ 刘文珽,杨洪源,贺小帆. 腐蚀条件下民机结构疲劳寿命评定方法研究［J］. 北京：北京航空航天大学学报,2004(8)：753‐756.

［39］ 鲍蕊,张建宇,郑晓玲,等. *DFR* 腐蚀影响系数及其试验研究［J］. 北京：北京航空航天大学学报. 2006,32(6)：639‐644.

［40］ 张建宇,鲍蕊,陈勃,等. 腐蚀环境下疲劳分析的 *DFR* 方法研究［J］. 北京：北京航空航天大学学报,2004,30(6)：547‐550.

［41］ 鲍蕊,郑晓玲,费斌军. 使用环境下民机机翼蒙皮对接结构疲劳分析［J］. 郑州：机械强度,2008,20(2)：343‐347.

［42］ 郑晓玲,鲍蕊,费斌军,等. 综合环境下机身典型长桁接头疲劳分析［J］. 北京：北京航空航天大

学学报,2007,33(4):379－382.

[43] 郑晓玲.民机结构长寿命综合设计与评定技术研究[D].北京:北京航空航天大学博士学位论文,V215,V216,V271.1,2008.

[44] 鲍蕊.腐蚀条件下民机结构 *DFR* 方法及裂纹扩展研究[D].北京:北京航空航天大学博士学位论文,2005.

[45] Bao R, Zhang J Y, Zheng Xiaoling & FEI Binjun. Study on Probability Damage Tolerance Analysis Method for a Typical Kind of Commercial Transport Aircraft Structure [A]. Progress in safety science and technology [C], 2005, Vol. 5:614－619.

[46] 王生楠,郑晓玲.运输类飞机防止广布疲劳损伤的新规章解读[J].航空学报,2010,31(9):1758－1768.

[47] Swift T. Damage Tolerance Capability [J]. Int. J. of Fatigue, 1994, 16(1):75－94.

[48] Pan Shi. Corrosion Fatigue Reliability of Aging Structures [D]. Vanderbilt: Graduate School of Vanderbilt University, 2001.

[49] Ing. Walter Schütz. Corrosion Fatigue of Structural Compontents [A]. RTO Metting Proceedings 18 Fatigue in the Presence of Corrosion [C]. 1998.

[50] Worsfold M. The Effect of Corrosion on the Structural Integrity of Commercial Aircraft Structure [A]. RTO Metting Proceedings 18 Fatigue in the Presence of Corrosion [C]. 1998.

[51] Hoffman M E, Paul C. Hoffman. Corrosion and Fatigue Research-Structural Issues and Relevance to Naval Aviation [J]. International Journal of Fatigue, 2001,23:S1－S10.

[52] Murtaza G, Empirical R Akid Corrosion Fatigue Life Prediction Models of A High Strength Steel [J]. Engineering Fracture Mechanics, 2000:67:461－474.

[53] Wahab M A, Sakano M. Experimental Study of Corrosion Fatigue Behavior of Welded Steel Structures [J]. Journal of Materials Processing Technology, 2001,118:117－122.

[54] Bolotin V V, Shipkov A A. Mechanical Aspects of Corrosion Fatigue and Stress Corrosion Cracking [J]. International Journal of Solids and Structures, 2001,38:7297－7318.

[55] Ramsamooj D V, Shugar T A. Modeling of Corrosion Fatigue in Metals in An Aggressive Environment [J]. International Journal of Fatigue, 2001,23:S301－S309.

[56] Pyo C R, Okada H, Atluri S N. An Elastic-plastic Finite Element Alternating Method for Analyzing Widespread Fatigue Damage in Aircraft Structures [J]. Computational Mechanics, 1995,16:62－68.

[57] Park J H, Atluri S N. Fatigue Growth of Multiple-cracks Near a Row of Fastener-holes in a Fuselage Lap-joint [J]. Computational Mechanics, 1993,13:189－203.

索　引

大飞机出版工程
书　目

《民用飞机系统安全性设计与评估技术概论》

《民用航空器噪声合格审定概论》

《机载软件研制流程最佳实践》

《民用飞机金属结构耐久性与损伤容限设计》

《机载软件适航标准 DO‐178B/C 研究》

《运输类飞机合格审定飞行试验指南》(编译)

《民用飞机复合材料结构适航验证概论》

《民用运输类飞机人为因素设计原则》

四期书目

《航空燃气涡轮发动机工作原理及性能》

《航空发动机结构》

《航空发动机结构强度设计》

《风扇压气机气动弹性力学》(英文版)

《燃气轮机涡轮内部复杂流动机理及设计技术》

《先进燃气轮机燃烧室设计研发》

《燃气涡轮发动机的传热和空气系统》

《航空发动机适航性设计技术导论》

《航空发动机控制》

《气动声学基础及其在航空推进系统中的应用》(英文版)

《叶轮机内部流动试验和测量技术》

《航空涡轮风扇发动机试验技术与方法》

《航空轴流风扇压气机气动设计》

《燃气涡轮发动机性能》(译著)

其他书目

《民用飞机环境监视系统》

《民用飞机飞行管理系统》

《飞机内部舒适性设计》(译著)

《航空航天导论》

《航空计算工程》

《涡动力学》(英文版)

《尾涡流控制》(英文版)

《动态系统可靠性分析在航空中的应用》(英文版)

《国际航空法导论》(译著)